universitas
LIBRERIA - EDITORIAL
BADAJOZ

AF873452

Cómo curar y cuidar a su perro

COLECCIÓN PERROS

Giovanni Falsina - Luca Rozzoni

CÓMO CURAR Y CUIDAR A SU PERRO

EDITORIAL DE VECCHI, S.A.

© Editorial De Vecchi, S. A. 1992

El Código Penal vigente sanciona a «... quien intencionadamente reprodujere, plagiare, distribuyere o comunicare públicamente, en todo o en parte, una obra literaria, artística o científica o su transformación o una interpretación o ejecución artística fijada en cualquier tipo de soporte o comunicada a través de cualquier medio, sin la autorización de los titulares de los correspondientes derechos de propiedad intelectual o de sus cesionarios.
La misma pena se impondrá a quien intencionadamente importare, exportare o almacenare ejemplares de dichas obras o producciones sin la referida autorización.» (Artículo 534 bis, a).

Algunas de las fotografías que ilustran este libro han sido cedidas por el Dr. Ferràs de la Clínica Veterinaria Sagrada Familia.

Editorial De Vecchi, S. A.
Balmes, 247. 08006 BARCELONA
Depósito legal: B. 16.517-1992
ISBN: 84-315-1041-2
Impreso en España por
LIMPERGRAF, S. A.
Calle del Río, 17. Nave 3
Ripollet (Barcelona)

Índice

Introducción

El amor y el respeto hacia los animales domésticos ha alcanzado en general hoy en día un nivel satisfactorio, sobre todo en lo que respecta a los animales de compañía. Entre éstos, el perro ocupa un lugar privilegiado, puesto que los propietarios se preocupan de su salud como si fuera un miembro más de la familia.

Una prueba de ello son las numerosas clínicas veterinarias que surgen, no sólo en las grandes ciudades, sino también en los pueblos pequeños. Sin embargo, muchos propietarios de perros se ocupan ellos mismos de los cuidados y las curas de su perro enfermo, muchas veces sin el conocimiento adecuado.

Precisamente, esta obra pretende ser una guía de primeros auxilios y sobre todo un manual para instruir al dueño sobre los diferentes problemas de salud que puede padecer su animalito.

Cría

Se entiende por crianza o cría de un cachorro no sólo ayudarlo a nacer sino ocuparse de su alimentación, crecimiento y educación; un arte nada fácil que precisa en primer lugar mucho amor hacia el perro y luego espíritu de sacrificio, trabajo y gastos.

Como primera condición, se debe tener tiempo disponible, posibilidad de gastar un dinero que difícilmente se recuperará, espacio suficiente para permitir que el cachorro tenga aire, luz y posibilidad de movimiento y por último, la seguridad de tratarlo bien para que se encuentre feliz.

Por nuestra parte, procuraremos poner a su disposición en este manual los consejos de cuarenta años de experiencia como veterinario y criador de perros, esperando que resulte una lectura provechosa y amena.

ELECCIÓN DEL REPRODUCTOR

No es preciso esperar al último momento para buscar o elegir al padre del cachorro que criaremos, sino que es mejor actuar con tiempo para ponerse de acuerdo con el propietario y establecer lo que corresponda en compensación.

La costumbre es pagar con dinero o con un cachorro que el dueño del macho tendrá derecho a elegir antes de haber pasado 45 días del nacimiento (Convención de Munich).

El futuro padre deberá ser fuerte, presentar el máximo de los caracteres típicos de su raza y haber cumplido ya los 15 meses de edad.

Es un deber moral conservar y, si es posible, mejorar la raza; en consecuencia, se debe vigilar bien que el compañero de nuestra perra no presente defectos que, eventualmente, se podrían encontrar en la hembra, ya que los caracteres negativos se reforzarían en la descendencia. La perra, sea bonita o fea, quedará tal como es, pero el perro que la debe dejar preñada debe ser excelente.

En las razas de tamaño pequeño o muy pequeño el macho debe ser ligeramente más pequeño que la hembra.

Si nuestra perra tiene pedigrí (certificado genealógico), tenemos que asegurarnos de que el macho tenga también un documento oficial reconocido por la RSCFRCE (Sociedad Central Canina). Es necesario enviar una fotocopia del documento a la RSCFRCE de la provincia donde residimos. Finalmente, si los documentos no están en regla resultará inútil procurar registrar a los cachorros, ya que no serán reconocidos como de pura raza.

APAREAMIENTO

La hembra alcanza la pubertad de manera muy precoz y en el sexto o séptimo mes puede estar ya en celo. Esto se aprecia por la sangre que gotea de la vulva, visiblemente hinchada. Este goteo de sangre dura unos diez días, haciéndose poco a poco más clara. Este período se llama *proestro* y generalmente no es aún fecundo. El auténtico celo empieza al undécimo día y se puede prolongar hasta el decimoquinto y más. En este momento, la hembra busca y acepta al macho ofreciéndose espontáneamente moviendo a un lado la cola. Se aconseja no perder el tiempo y no esperar hasta el último momento, sino presentarla al macho (se lleva siempre la hembra al macho, y no al contrario) apenas se observe que desaparece el flujo sanguíneo de la vulva (entre diez y quince días).

Después de algunos escarceos, que resultan divertidos, se produce la monta, que puede durar media hora y, en algunos casos, incluso hasta una hora.

Naturalmente, se debe evitar separar los animales por la fuerza, dejándolos actuar como guía la madre naturaleza.

Pasado el apareamiento, el celo no cesa inmediatamente aunque se haya producido la fecundación y por eso, al llevar a pasear a la perra, se debe evitar el contacto con los numerosos machos que acudirán al olor exhalado por la hembra.

Aunque aconsejable, no es imprescindible repetir por segunda vez el apareamiento, porque la supervivencia suficientemente larga de los espermatozoides dentro del órgano femenino hace que se pueda engendrar incluso cuando la ovulación se produzca algún tiempo después de la monta. No obstante, si se quiere repetir la cubrición se debe hacer un par de días después.

Es obvio que la perra no debe quedar preñada en el primer período de celo sino que debe esperarse a que haya alcanzado su desarrollo físico completo; es aconsejable esperar al tercer celo (sobre los 2 años o 2 años y medio).

Si no es cubierta o si no ha quedado preñada, la perra volverá a estar en celo después de cinco, seis o siete meses, según los casos. Este ciclo se repetirá de manera constante y puntual durante toda su vida, ya que en la especie canina no se da la interrupción de la fertilidad, como ocurre con las mujeres en el período de la menopausia.

EMBARAZO

Es el nombre que recibe el período que transcurre entre la concepción (no la monta) y el parto; para que sea normal fisiológicamente debe producirse entre los 58 días, como mínimo, hasta los 65, como máximo. Si es más corto, se dará un parto prematuro –muy raro– y por el contrario, si es más largo, se dará un parto tardío –un poco más frecuente.

Difícilmente se aprecia el embarazo durante el primer mes, a menos que uno sea lo suficientemente experto.

Después del primer mes de gestación ya sí se notará un aumento del volumen del vientre de la perra, acompañado de una alteración de su carácter –se volverá más tranquila– y de un aumento, o incluso a veces de una disminución de su apetito.

Los paseos frecuentes y una mejora cualitativa de la alimentación beneficiarán a la perra y a los fetos que están gestándose. En este momento, no resulta conveniente enriquecer la dieta con complementos minerales y vitamínicos, sino que habrá que proporcionárselos en el último mes de embarazo y aún mejor, una vez haya parido.

Durante la mitad del período de embarazo, e incluso antes, resulta muy higiénico desinfectar a la perra usando productos suaves. No debemos preocuparnos excesivamente esperando el momento del parto, ya que éste se produce con facilidad en la mayoría de los casos. Es un hecho absolutamente fisiológico.

Se debe preparar el lugar donde parirá. Lo ideal es conseguir una caja rectangular que ofrezca un espacio confortable para la futura familia. Hay que pensar que la madre se estira para amamantar y la parte más ancha de la caja debe superar la longitud del cuerpo de la madre. En las tiendas especializadas se pueden encontrar todos los accesorios necesarios, pero también los podemos construir nosotros mismos, si nos gusta el bricolaje.

PARTO

Llega el momento deseado.

La caja para el parto se preparará con antelación para que la gestante se acostumbre a ella. Deben quitarse los pequeños cojines, trapos y pedazos de tela que hayan servido de lecho hasta ahora, de manera que el parto se produzca sobre la madera del fondo. ¿Por qué? Pues por la sencilla razón de que aquéllos se ensuciarían inútilmente con los líquidos amnióticos y la perra al moverse, para encontrar la posición más cómoda, los retorcería, cogiendo quizás entre los pliegues a un cachorro, o a más de uno, que podría ahogarse sin darnos cuenta de ello.

Un par de días antes, la perra dará señales de que el momento se acerca rascando el suelo, agitándose más de la cuenta, no comiendo o vomitando el alimento.

La temperatura corporal que se toma con el termómetro por vía rectal desciende por debajo de lo normal, entre 38,5 y 39 °C hasta los 37 °C, aproximadamente.

El parto se produce casi siempre con facilidad si se deja sola a la perra o si es vigilada discretamente por la persona por la que siente más simpatía o afecto. No se la debe colmar de atenciones, lo que la desconcentraría hasta el punto de hacerle olvidar que debe parir.

Tras las primeras contracciones aparece la bolsa de las aguas

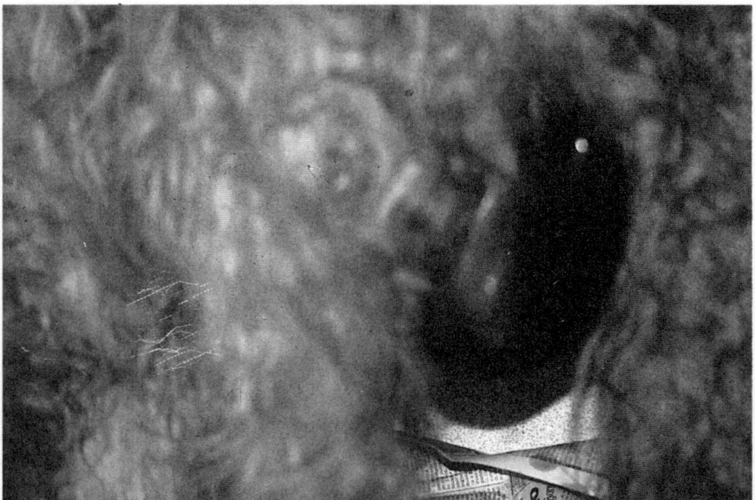

El cachorro es expulsado envuelto dentro de las membranas

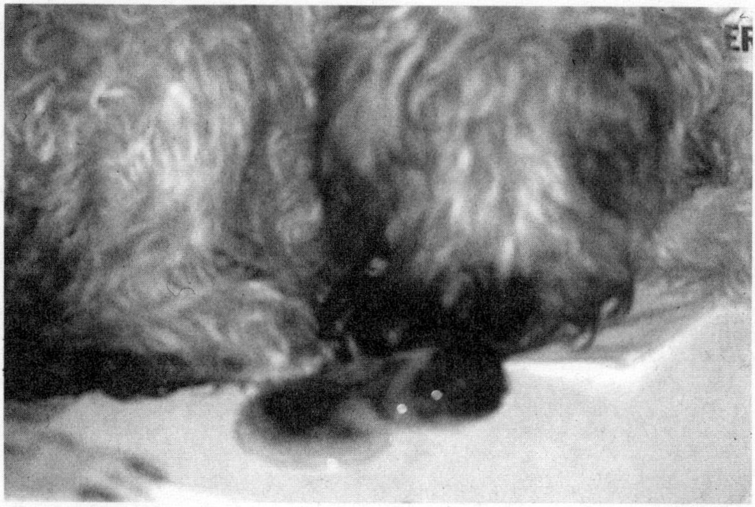

La madre libera al cachorro de las membranas

La madre corta el cordón umbilical

Después de empujar fuertemente, el primer cachorro será expulsado envuelto dentro de las membranas que la misma perra se apresurará en desgarrar con los dientes. También cortará el cordón umbilical. A continuación, lamerá la placenta y se la tragará, dejando el lecho completamente limpio. Es normal que engulla la placenta, que tiene una gran importancia para favorecer la bajada de la leche. Si la madre no consigue librar a los cachorros de las membranas que los rodean, lo deberemos realizar nosotros, actuando con las manos totalmente limpias. No se debe cortar inmediatamente el cordón umbilical, sino que se debe esperar a que pasen un par de minutos desde el

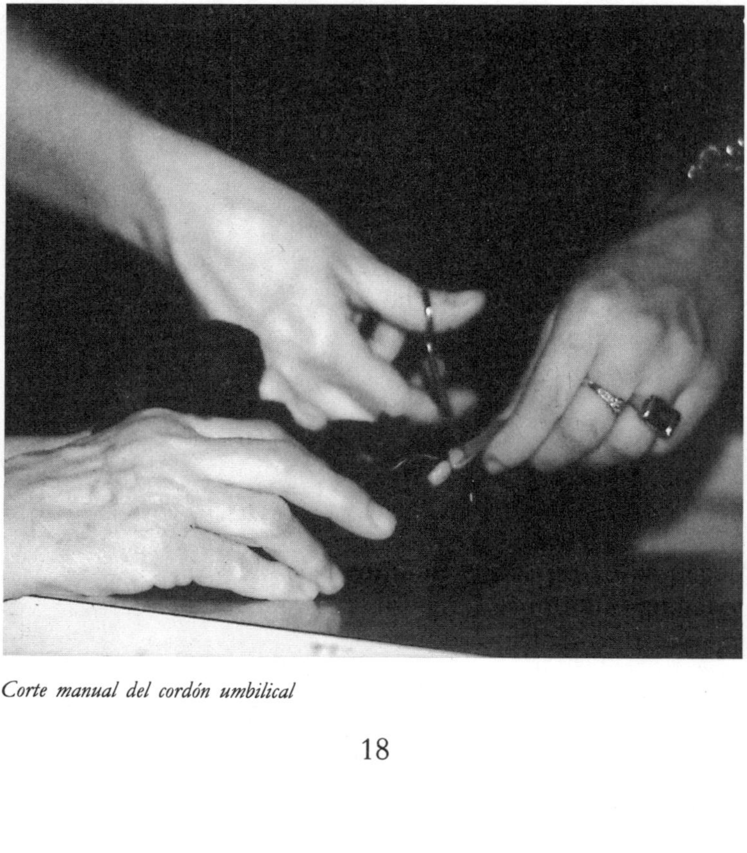

Corte manual del cordón umbilical

nacimiento para permitir que el cachorro reciba todo el flujo sanguíneo de la placenta.

Para cortar el cordón umbilical se usarán tijeras desinfectadas y se realizará un nudo a 2 o 3 cm del vientre, habiéndolo atado previamente con un hilo. Acto seguido se debe abrir con cuidado la boca, sacando el moco, colocando la cabeza del cachorro hacia abajo, sacudiéndolo con cierta energía para ayudar a la respiración. Si tardase en respirar, se deberá sumergir el recién nacido en agua caliente entre 40 y 41 °C, frotándole el vientre o practicándole la respiración artificial. Así se pueden recuperar muchos cachorros que aparentemente parecen muertos.

Después del primer cachorro nacerán todos los demás, a intervalos más o menos breves, presentándose indiferentemente en posición cefálica o pélvica.

El parto debe durar tres o cuatro horas para que pueda considerarse normal; pero si después del primer o segundo cachorro pasan dos o tres horas sin que la perra sufra contracciones y, sin embargo, muestre aún tener otros pequeños en su interior por el tamaño del vientre, se deberá recurrir a la jeringa e inyectar debajo de la piel hormonas poshipofisarias para provocar nuevas contracciones.

Si se cree oportuno y necesario, se podrá repetir la inyección con la misma dosis al cabo de una hora. Si, a pesar de todo, no consigue expulsar a los otros fetos, cabe pensar seriamente en graves obstáculos que podrán ser resueltos solamente por el veterinario, que realizará una cesárea. Se trata de una operación fácil y sin consecuencias para la madre y para los cachorros si se hace de manera correcta y con la anestesia debida.

Una vez concluido el parto, se puede colocar una alfombrilla en el fondo de la caja. La perra querrá estar tranquila y en penumbra. Será mucho mejor para ella que no reciba visitas de curiosos continuamente y que sólo sea atendida por la persona que haya estado con ella durante el parto.

POSPARTO

Es el período que sigue al parto y generalmente se alarga siete u ocho días. Durante el posparto no se debe aumentar la ración de alimento de la madre, al contrario, será mejor reducirla un poco para no estimular excesivamente la producción de leche, que podría dañar a los pequeños. Sin embargo, se debe enriquecer con un conjunto vitamínico de calcio y fósforo que se encuentra en las tiendas, suministrándolo en las dosis aconsejadas.

Pasada una semana será necesario aumentar la cantidad de comida, o bien ofrecerla más frecuentemente. Si la perra no quiere comer, si tiene 39 °C de fiebre y pierde líquidos verdosos y de mal olor por la vulva, nos encontramos ante una infección puerperal. Tratada a tiempo, esta enfermedad se puede curar perfectamente.

Es durante la época del posparto cuando se corta la cola a los cachorros en cuyo estándar de raza así lo establezca; el quinto día después del nacimiento es el mejor para hacerlo. La longitud del muñón que debe dejarse dependerá de la raza en cuestión, por lo que previamente es preciso informarse.

LACTANCIA

Si la madre es buena criadora, no habrá problemas al respecto y durante los primeros veinte días ayudará a defecar y a orinar a los cachorros limpiándolos perfectamente.

Amamantamiento materno

El problema surge cuando la madre no tiene leche o no tiene la suficiente, en este caso se deberá recurrir a la lactancia artificial, que requiere siempre mucho tiempo y dedicación. De hecho, los cachorros se alimentan muchas veces al día (incluso doce veces durante los primeros días) y cada vez que chupan debe esterilizarse el biberón mediante ebullición. En las tiendas se encuentra leche preparada a partir de la fórmula de la leche de la perra, pero si se prefiere, se puede preparar en casa un sucedáneo perfecto de la leche materna como lo indique el veterinario. Los primeros días, los cachorros deben amamantarse doce veces al día; pasada una semana, diez veces; y pasadas cuatro semanas, cuatro veces.

La lactancia materna dura de 40 a 50 días, aunque a partir del vigésimo quinto día se puede ayudar a los cachorros a beber leche de un recipiente. Mientras dure el amamantamiento, se debe comprobar el estado de los pezones de la madre, es decir, que no le duelan y que las mamas no se obstruyan con inflamaciones calientes y dolorosas.

Si los cachorros son numerosos o si la perra es una gran criadora y pertenece a una raza pequeña, poco después del parto se puede manifestar una especie de tetania con un entumecimiento, convulsiones y pérdida del equilibrio provocados por la falta de calcio en la sangre, que recibe el nombre de eclampsia. Como ya se ha dicho, durante el período de lactancia la perra tiene grandes necesidades alimenticias, sobre todo de líquidos. Aunque estuviese acostumbrada a alimentos secos, se le proporcionará abundante alimento líquido que se le dará en forma de sopas. La base de su dieta será carne, huevos y cereales, enriquecido todo con una base mineral vitamínica.

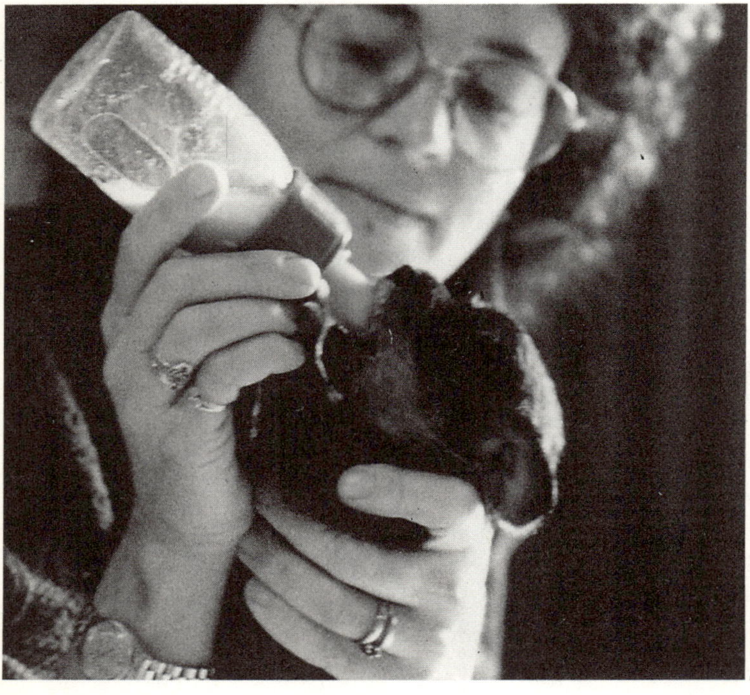

Amamantamiento artificial

COMPOSICIÓN MEDIA DE LA LECHE DE PERRA EN COMPARACIÓN CON LA DE VACA

Ingredientes de la leche	*Vaca gr/kg*	*Perra gr/kg*
Energía bruta (cal/kg)	(750)	(1.200)
Agua	865	760
Sustancia seca	135	240
Proteínas	35	90
–Caseína	28	45
–Albúminas-globulina	7	45
Lípidos	40	100
Lactosa	50	30
Cenizas	8	14
–Calcio	1,2	2,3
–Fósforo	0,9	1,6

DESTETE

No presenta especiales dificultades. Hacia la cuarta semana el cachorro empieza ya a parecer un pequeño perrito y a resultar molesto para la madre. Es el momento en que las uñas le crecen puntiagudas, por eso la madre es reacia a acercarse a amamantar a los pequeños. Si se desea, se puede alargar el período de lactancia cortando la punta de las uñas con unas tijeras. No obstante, éste es el momento del destete.

Cómo cortar las uñas a los cachorros

El cambio de la leche materna sin contenido de fibra al alimento de adulto, con un gran contenido en fibra, se debe realizar gradualmente, ya que pueden surgir molestias gastrointestinales. En un principio se puede ofrecer a los cachorros una sopa de copos de avena, no muy espesa, añadiéndole un poco de leche y azúcar. Gradualmente se añadirá a esta papilla líquida carne cruda triturada y zanahorias crudas ralladas de manera muy fina. Como sustituto de la carne se puede usar cualquier alimento comercial creado para satisfacer totalmente las exigencias nutritivas del cachorro durante el destete. Se consume a partir de la tercera o cuarta semana mezclado con la papilla hasta el momento en que los cachorros puedan ingerir los alimentos normales. Cuando se ha llegado a los dos meses de edad el cachorro, perfectamente destetado, desinfectado y vacunado (de esto hablaremos más adelante) se puede entregar ya a sus futuros propietarios.

EVOLUCIÓN DE LOS SENTIDOS DEL CACHORRO

En los cachorros los ojos se abren entre el duodécimo y el decimoquinto día y las orejas se destapan entre el decimoquinto y decimoséptimo. Los pequeños muestran la orientación visual pasados veintiún días y la orientación acústica pasados veinticinco.

A las 3 semanas empieza el período cuadrupedal, y a las 4 empezará a caminar.

Los que han nacido débiles o con graves problemas de supervivencia se van enfriando los tres primeros días y la madre los rechaza y los deja morir. Los más fuertes y vitales, si han nacido de una madre con pulgas y ellos mismos se han infectado, morirán también entre el décimo y el decimocuarto día. Así pues, es preciso tomar la precaución de desinfectar a la perra unas semanas antes del parto. Este procedimiento básico se deberá repetir con la madre y los cachorros entre el decimoquinto y el vigésimo día después del parto. Si se quiere vigilar el desarrollo de los cachorros, éstos deben pesarse en el momento del nacimiento y tener en cuenta que hacia el noveno día deberán haber doblado su peso: el aumento de peso debe ser gradual.

Desde el inicio, se debe prestar una atención especial a su comportamiento. Al igual que las otras especies, incluido el hombre, los perros no podrían sobrevivir adecuadamente si creciesen solos, aislados y sin ningún tipo de relación. En el período definido como neonatal, que va desde el nacimiento hasta los primeros 14 días de vida, la madre nutre, calienta y limpia a los cachorros y ellos sólo piensan en comer y en dormir. A continuación sigue el período de *imprinting*. Los cachorros ven y oyen, empiezan a curiosear en su entorno y sienten las primeras emociones.

En este momento el criador puede ofrecer buenos estímulos a los cachorros de una manera muy sencilla.

El hecho de pesar al cachorro cada día ya permite iniciar el *imprinting* hacia el hombre, además de vigilar sus condiciones de salud. En este caso, girarlo hacia delante, hacia atrás, hacia arriba y hacia abajo representa un estímulo vesicular muy útil, sobre todo entre la segunda y la tercera semana. Cuando abre los ojos a una exposición de luz intensa, aunque sea brevemente (10 segundos), ésta provoca un estímulo de los receptores visuales. Frotando la superficie corpórea se activarán los receptores táctiles. En este momento es oportuno que el pavimento de la caja de los cachorros esté cubierto con una superficie áspera (un trozo de moqueta o de alfombra) que permita a los perritos aguantarse con las patitas posteriores.

Desde la tercera semana hasta los 2 meses de vida será necesario empezar a limpiar al cachorro suavemente con un cepillo, palpándolo, sosteniéndole con cuidado las orejas entre los dedos, acariciándole el hocico, tocándole y apretándole la ingle, y balanceándolo de un lado a otro.

Para estimular los receptores auditivos es necesario acostumbrarlo al ruido de la aspiradora, de las palmadas con las manos, de los objetos metálicos al caer, de la radio o del televisor. Es preciso acostumbrarlo al ambiente familiar que lo rodea, dejándolo tocar incluso a personas de todas las edades y ayudándolo a explorar el ambiente exterior, colocándole objetos artificiales como cajas, tablones, botes, laberintos para estimular las coordinaciones, haciéndole bajar y subir las escaleras empezando por el último escalón, estimularlo a que nos siga con algún objeto en la boca, premiándolo con alguna golosina.

No debemos dejar que se equivoque, ya que las experiencias positivas tienen una gran importancia para él. En resumen, hay que estimular al cachorro para que desarrolle todo su propio potencial.

ALIMENTACIÓN DE LOS CACHORROS DESTETADOS

Una vez que el cachorro acaba su época de lactancia hay que alimentarlo con productos que constituirán su régimen ordinario durante toda su vida.

Éste se compone de proteínas de origen animal o vegetal (carne, pescado, huevos, queso, harina de soja, etc.), de carbohidratos (el almidón es lo más importante), de grasas de origen animal o vegetal, de vitaminas y de minerales.

La carne y la harina serán más abundantes al principio que los cereales y las grasas, alcanzando el 60 % del total, en los primeros meses de vida; posteriormente se irán reduciendo hasta dejarlos en un porcentaje del 30 o 40 %.

Para los perros de tamaño pequeño es aconsejable una ración compuesta de 2/4 de carne, 1/4 de cereales y 1/4 de verduras; para los perros de tamaño mediano y grande, 1/3 de carne y 2/3 de cereales y verduras.

¿Es mejor el alimento preparado en casa o el que se vende preelaborado en las tiendas? Hay que decir que la competencia comercial y la continua investigación científica han perfeccionado mucho los productos y a veces son mejores que los preparados en casa.

Entre los alimentos preparados se recomiendan los alimentos secos. A los perros les gustan mucho y les agrada deshacerlos con los dientes; además, saben tomar la cantidad necesaria sin abusar ni llegar a la indigestión. Es preciso vigilar que no les falte nunca el agua para beber. Para los que prefieran cocinar para su perro o para los que no se fían de los productos comerciales, he aquí algunos consejos sobre cómo preparar la ración.

La sopa tradicional se compone de:

- arroz o pasta muy cocidos en agua con una pizca de sal (o como alternativa, pan seco);
- carne a trozos, casi cruda;
- una cucharadita de aceite de oliva;
- un complemento de vitaminas y de minerales.

Se pueden añadir verduras cocidas o bien una o dos cucharadas de salvado; también en sustitución de la pasta y del arroz se pueden usar copos de cereales mezclados o arroz hinchado mojados con agua o caldo.

Además del complemento de vitaminas y minerales, mezclemos un poco de salvado con una cucharada de aceite. Se puede sustituir la carne fresca por congelada o en lata. La cantidad de alimento varía notablemente según el tamaño del perro, la actividad y el clima, y también según el estado fisiológico (gestación, lactancia, crecimiento) y la presencia de otros perros que puedan competir por la comida. El frío contribuye a aumentar la necesidad energética: hay que aumentar entonces la cantidad de grasas. Durante el verano, con calor, el perro come menos: no se variará la cantidad de carne, pero se disminuirá la alimentación energética (cereales y grasas). Durante el crecimiento se puede dar al cachorro una yema de huevo crudo tres o cuatro veces a la semana sustituyendo la carne. Los cereales se pueden sustituir por pan seco empapado en leche. El complemento mineral y vitamínico deberá contener calcio y fósforo en las cantidades y proporciones adecuadas.

En algunos casos concretos, aunque la alimentación del perro sea rica y abundante, no se puede garantizar el componente energético que necesita el animal y por eso es indispensable el uso de un suplemento.

CANTIDAD DE ALIMENTO EN RELACIÓN CON EL TAMAÑO Y LA EDAD

Edad	*Tamaño muy pequeño*		*Tamaño pequeño*		*Tamaño mediano*		*Tamaño grande*		*Número de comidas*
	carne g	*verdura, arroz o pasta* g	*carne* g	*verdura, arroz o pasta* g	*carne* g	*verdura, arroz o pasta* g	*carne* g	*verdura, arroz o pasta* g	
2 meses	50	50	60	60	100	100	150 a 200	150	4
3 meses	60	60	70	70	110	110	200 a 250	200	3
4 meses	80	80	100	100	150	150	250 a 350	250	3
5 meses	90	80	130	100	200	200	350 a 450	300	2
6 meses	90	90	140	120	250	200	400 a 550	400	2
7 meses	90	90	150	120	300	250	450 a 650	500	2
de 8 a 12 meses	100	90	160	120	350	300	700 a 1.000	500	2
de 12 a 18 meses	100	90	160	120	350	300	700 a 1.000	500	1

Existen productos en polvo con un elevado poder energético adecuado para situaciones fisiológicas concretas de los perros adultos; están hechos a base de proteínas nobles y grasas que se digieren fácilmente y aportan fuentes calóricas que se asimilan muy bien y cuyo uso es inmediato.

Aporta un gran valor nutritivo en todos los casos en que sea necesario. Estos productos, por su composición específica, están particularmente indicados para la dieta de:

- perros dedicados a una gran actividad deportiva, con un gasto de energías elevado;
- perros viejos o débiles físicamente;
- perros delgados a causa de carencias nutricionales específicas;
- perras en período de lactancia.

DESPARASITACIÓN

Todos los perros reciben fácilmente agresiones de parásitos internos y externos. Entre todas las infecciones que atacan al cachorro, la más peligrosa es la infección de parásitos internos, por la facilidad con que puede originarse y por las complicaciones que puede provocar. No hay ningún perro inmune a ello. Atacan a los perritos pequeños y a los grandes; a los que viven en casa y a los que están al aire libre; a los perros del campo y a los de la ciudad.

En los cachorros, la infección de parásitos se contamina directamente de la madre al feto, pasando por el útero o bien a través de la leche después del nacimiento. En la edad adulta, la infección se produce de modo indirecto a través de la ingestión de larvas de parásitos que se encuentran en el ambiente exterior. No es nada fácil darse cuenta de que el perro ha sido atacado por parásitos, sobre todo si se trata de una ligera infección.

Así pues, siempre se puede sospechar de la existencia de parásitos. Sin embargo, existe una serie de síntomas que ayudan a detectar su presencia:

- pelo opaco;
- picor anal;
- aparición ocasional de pequeños gusanos blancos en las heces;
- cansancio sin motivo, inapetencia;
- pérdida de peso sin explicación alguna, diarrea y vómitos;
- aparición de fenómenos alérgicos, manifestaciones de fenómenos secundarios.

La verminosis masiva pone más en evidencia todos estos síntomas. Los tipos de gusanos que pueden infectar al perro son unos quince y todos estos tipos pertenecen a dos grandes grupos:

1. gusanos planos o tenias (cestodos);
2. gusanos redondos (nematodos).

A su vez, los gusanos redondos son de tres tipos diferentes: ascaris, ancilostomos y trichuris, cada uno de los cuales tiene características y comportamiento diferentes.

La ascaridiosis es una enfermedad provocada por *Toxocara canis* y por *Toxascaris leonina*, nematodo blanquecino de unos 18 cm de largo. Los adultos viven en el interior del intestino delgado, donde se nutren absorbiendo aminoácidos, vitaminas y azúcares ya degradados. La enfermedad se manifiesta generalmente por una diarrea espumosa blanquecina, junto con vómito cuando estos parásitos atacan la pared gástrica.

La infección puede afectar a los cachorros a través de la placenta, es decir, directamente de la madre o bien a través de la ingestión de huevos que se expulsan con las heces. Los huevos que llegan al exterior contienen una larva; cuando se ingiere el huevo, la larva sale al intestino y empieza su ciclo biológico que consiste en cambios y migraciones (entero-hepato-pneumo-tráqueo-enteral) que ayudan a que el parásito llegue a su sede definitiva y a su madurez.

En los animales adultos algunas larvas no llegan hasta el intestino al final de la emigración, sino que permanecen en las diferentes zonas del organismo y allí se encapsulan. Una situación particular es la que se da en las perras embarazadas. Durante la gestación, una parte de las larvas encapsuladas en el organismo se movilizan y a través de la

Huevo de *Toxocara canis* y de *Toxascaris leonina* (a la derecha) aumentados 410 veces. Provocan la ascaridiosis del perro

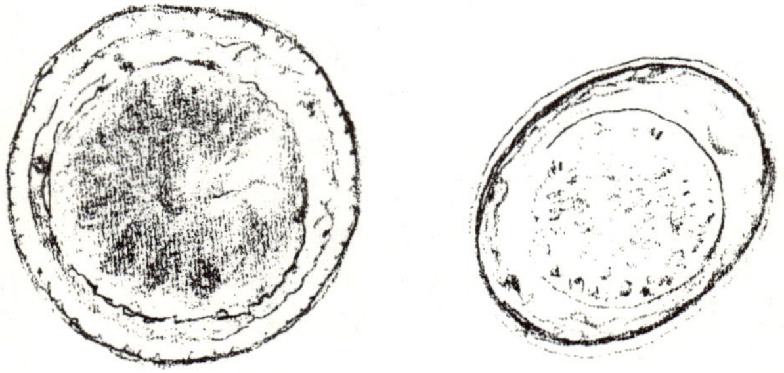

circulación sanguínea llegan a la placenta y, en consecuencia, al feto. Esto explica por qué cachorros de 20 días ya eliminan huevos.

La ascaridiosis es una zoonosis, es decir, es una enfermedad que se transmite de los animales al hombre.

Sin lugar a dudas, el niño es el que está más expuesto a la infección de la *larva migrans* visceral, ya que puede contaminarse con la ingestión de tierra o poniéndose las manos sucias en la boca; incluso los adultos pueden ingerir accidentalmente huevos larvados del parásito a través de verduras poco lavadas o poco cocidas, o por excesiva familiaridad con el perro. Los órganos donde más frecuentemente se alojan las larvas en el hombre son el hígado, el pulmón, el globo ocular, con los consiguientes desprendimientos de retina, y el encéfalo.

Es preciso reducir los riesgos de infección con medidas preventivas. En primer lugar, se debe aplicar una eficaz terapia antiparasitaria dirigida no sólo hacia los cachorros, sino también hacia las hembras usadas como reproductoras. Además, sería prudente realizar tres veces al año un examen de las heces en todos los perros. También contribuyen de manera óptima a la descontaminación del ambiente el respeto por las normas higiénicas elementales y de educación cívica (como la recogida de las heces depositadas por el animal en la vía pública por su propietario).

Cabe recordar también la ancilostomiasis, provocada por el *Ancylostoma caninum* y la *Uncinaria stenocephala*, gusanos redondos, pequeños nematodos blanquecinos de hasta 20 mm de largo. Son parásitos hematófagos, es decir, que se nutren de la sangre del individuo, con efectos muy nocivos.

La infección puede producirse por la ingestión de larvas, pero también puede penetrar por vía cutánea, ya que los parásitos segregan sustancias queratolíticas que les permiten llegar hasta debajo de la piel. Desde este punto y a través de los vasos sanguíneos y linfáticos, cumplen el ciclo normal en el interior del perro, hasta llegar finalmente al intestino delgado. Durante su migración, este parásito también realiza cambios.

Los parásitos hematófagos tienen tendencia a moverse en lugares diferentes de la mucosa intestinal, por lo que a la accion hematófaga directa se añaden muchas pequeñas hemorragias intestinales. Ataca a todos los perros en cualquier momento de su vida, si bien los más propensos son los perros de caza, ya que al caminar por terrenos húmedos se ensucian las patas de tierra, que se les queda adherida en los espacios interdigitales. La acción nociva del parásito se manifiesta causando diarrea hemorrágica, debilidad, astenia y anemia. En los cachorros a veces hasta puede provocar la muerte.

Huevo de *Ancylostoma caninum* aumentado 410 veces

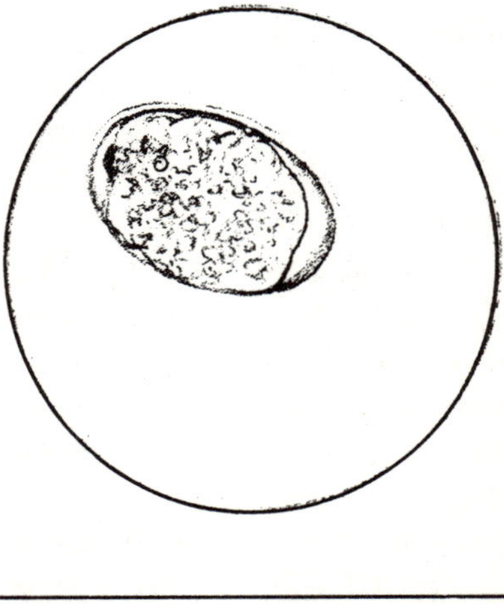

Huevos de *Trichuris vulpis*
aumentados 410 veces

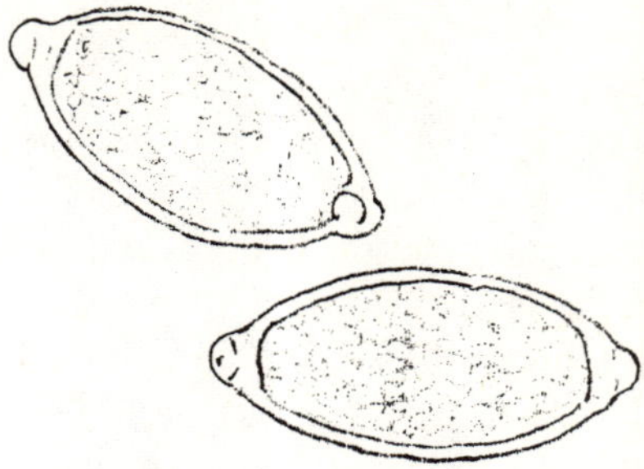

El diagnóstico se efectúa gracias a un examen coprológico y basándose en los síntomas. Para curarlo existen numerosos productos antiparasitarios en el mercado, aunque de todas maneras es importante siempre atender a los siguientes puntos de profilaxis:

- tratar todos los sujetos bajo riesgo;
- limpiar las patas de los perros después de toda actividad cinegética;
- retirar las heces de los afectados para ver si hay trazas de parásitos.

La tricocefalosis es una enfermedad parasitaria provocada por el *Trichuris vulpis*, que en los adultos vive en el intestino ciego y en el colon, y que desarrolla una actividad hematófaga. Es una patología muy extendida en las zonas urbanas, ya que los huevos tienen una enorme resistencia. Los huevos, de aspecto parecido al limón (visibles sólo con el microscopio), se expulsan con las heces. En su interior se desarrolla la larva, de forma intestinal.

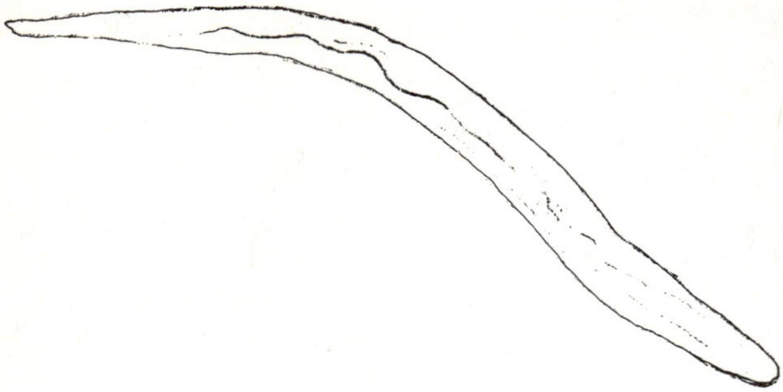

Larva de *Strongyloides stercolaris* aumentada 400 veces

Cuando se ingieren los huevos, las larvas se liberan y penetran en las paredes intestinales, desarrollándose hacia formas adultas. Los síntomas son más o menos graves según la naturaleza de la infección. Es típica la diarrea cíclica (dura algunos días y se repite pasados unos veinte días). Provoca heces de color amarillento-ocre con estrías de sangre; cuando afecta de manera crónica, los síntomas son pocos claros. El diagnóstico puede resultar algo difícil, ya que los huevos no se eliminan constantemente y para estar seguros de que el perro no tiene la enfermedad se deben realizar más exámenes coprológicos.

El último nematodo de que trataremos es el parásito más extendido y, por suerte, el menos preocupante para la salud del perro. Nos referimos al *Strongyloides stercolaris* que vive en el duodeno-yeyuno y se nutre de partes de la mucosa intestinal.

Los huevos, expulsados al exterior por las heces, contienen las larvas que penetran en el organismo por vía cutánea; desde aquí siguen por la sangre y la linfa hasta llegar al corazón y luego al pulmón y, finalmente, hasta la faringe. Una vez aquí son ingeridas y llegan al intestino, donde permanecen en sus paredes. Causan molestias intestinales que no son graves pero que duran y son molestas.

La infección de gusanos puede aparecer en cualquier momento, y por eso es aconsejable una cura periódica para evitar que las infecciones sean numerosas y provoquen graves daños. A los cachorros es indispensable desparasitarlos, la primera vez a los 20 días y la segunda, a los 40 días de edad. Se repite la desinfección cada vez que se quiera vacunar al perro. Así pues, no es suficiente curarlo cuando se descubre la infección de parásitos, sino que hay que someterlo a una desparasitación periódica para evitar que las infecciones sean numerosas.

En las consultas veterinarias se prescriben vermicidas polivalentes que se suministran sólo antes de la comida o mezclados con el alimento habitual, en relación con el peso corporal del perro o con el grupo de cachorros que se deben desparasitar.

No se precisan medidas especiales, como el ayuno, y tampoco se deben aplicar purgantes. Para evitar posibles infecciones se recomienda destruir las heces producidas veinticuatro horas después de aplicada la dosis, aunque de todas formas estos productos ya neutralizan una gran parte de los huevos de los gusanos.

Para desparasitar de ascaris a los cachorros se aconseja usar un jarabe contra las lombrices de los cachorros, agradable y de fácil suministro gracias a una jeringa sin aguja.

Si en las heces del perro se encuentran gusanos del tamaño de un grano de arroz, planos, nos encontramos ante una infección de tenia. Entre los tipos de tenias que pueden afectar al perro y que pertenecen al grupo de los cestodos, encontramos el *Echinococcus granulosus* y el *Diphylidium caninum*.

El perro que lleva tenia *Echinococcus* se infecta a través de la oveja, del bovino o del cerdo, y puede transmitir la Equinococosis (hidatidosis, forma quística) al hombre y constituye una grave enfermedad social de las regiones de crianza ganadera ovina.

La intervención terapéutica y profiláctica con productos adecuados interrumpe el ciclo biológico del parásito y evita la transmisión al hombre.

Tamaño	***Peso***	***Rintal S.T.***
Pequeño	de 3,5 a 10 kg	1/2 paquete cada vez
Mediano	de 11 a 20 kg	1 paquete cada vez
Mediano/grande	de 21 a 40 kg	2 paquetes cada vez
Grande	de 41 a 60 kg	3 paquetes cada vez

Peso individual o del grupo de cachorros	***Rintal S.T.***
3 kg aproximadamente	1/2 paquete cada vez
7 kg aproximadamente	1 paquete cada vez
14 kg aproximadamente	2 paquetes cada vez

Se recomienda recoger y destruir las heces producidas durante las veinticuatro horas posteriores a cada suministro.

Las pulgas constituyen una fuente de infección de *Diphylidium caninum* (la tenia cucumerina).

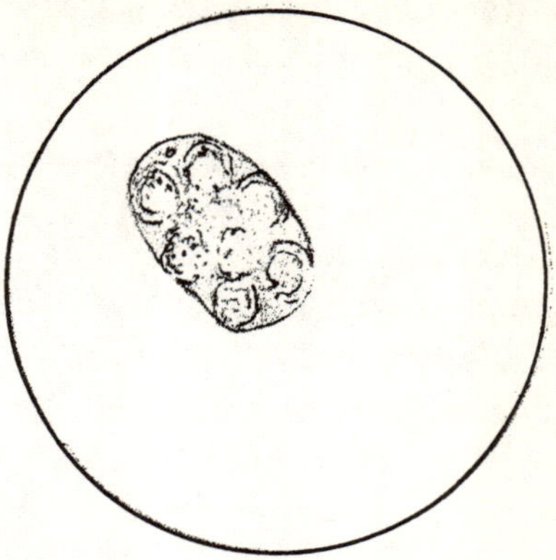

Quiste del huevo de *Diphylidium caninum*, o tenia del perro, aumentada 100 veces

Así pues, es necesario eliminar las pulgas tanto del propio animal como del lugar donde éste duerma o habite (lecho, caseta, etc.).

VACUNAS

Las enfermedades infecciosas que se pueden prevenir con las vacunas son:

- la gastroenteritis vírica o parvovirosis;
- el moquillo;
- la hepatitis infecciosa;
- la leptospirosis;
- las enfermedades respiratorias producidas por adenovirus; y
- la rabia.

Estas enfermedades se tratarán a su vez en el capítulo correspondiente.

Para prevenir la parvovirosis se aconseja el uso de las vacunas siguiendo el esquema siguiente.

• Animales de más de 2-14 semanas de edad en el momento de la vacuna o cachorros que no tienen anticuerpos maternos: – 1 única dosis consigue una completa inmunidad activa.
• Animales de menos de 2-4 semanas de edad con anticuerpos maternos: – para conseguir una completa inmunidad activa se necesita repetir la dosis cuando el animal tenga entre 12 y 24 semanas.

En nuestras consultas veterinarias se acostumbra a suministrar una segunda dosis seis meses después de la primera dosis.

Para prevenir el moquillo, la hepatitis y la leptospirosis, así como también las enfermedades respiratorias causadas por adenovirus, se inyectan las vacunas según el esquema siguiente:

• Los cachorros que han sido amamantados con leche materna y que presentan una inmunidad pasiva responden plenamente a la estimulación de la vacuna a partir de las 9 semanas de edad.

Es aconsejable aplicar una dosis entre catorce y veintiún días después de la primera vacuna para superar la eventual interferencia de los anticuerpos maternos que, en algunos casos, pueden perdurar durante un tiempo.

Para prevenir esta posibilidad en nuestras consultas se aplica también una segunda dosis al cabo de seis meses. De todas maneras, es aconsejable vacunarlos cada año. Para la prevención de la rabia se usa la vacuna, y el esquema correspondiente es el siguiente:

- A los cachorros nacidos de madres vacunadas es conveniente suministrarles la primera vacuna después de las 11 semanas de vida.

- A los cachorros nacidos de madres no vacunadas se les puede suministrar la primera vacuna a las 4 semanas de vida.

La vacuna antirrábica sólo la puede recetar un veterinario autorizado, quien certificará también que la vacuna ya se ha aplicado.

Higiene

La higiene es la parte de la cinofilia dedicada a las medidas que se deben adoptar para mantener sano al perro.

Cuando el perro es de trabajo (perros de caza, de trineo o de carrera) se debe evitar que se canse excesivamente, y así lograremos que se mantenga en forma y que viva más tiempo.

La vida del perro abarca tres períodos:

- el primero va desde el nacimiento hasta los 12 meses;
- el segundo va desde los 12 meses hasta los 9 años;
- el tercero, a partir de los 9 años.

El primer período es el que corresponde al crecimiento y en él se distinguen dos fases: la infancia y la adolescencia.

En la primera fase, que va desde el nacimiento hasta los 5 o 6 meses, el perro saca los dientes de leche y luego los cambia y manifiesta el crecimiento máximo; en esta fase, al perro se lo llama cachorro. En la segunda, que va desde los 6 meses hasta un año, el perro sigue creciendo, aunque ligeramente menos, equilibra las diferentes partes, los huesos se hacen más consistentes y alcanza la pubertad.

En la segunda fase, la de adulto, que va desde los 12 meses hasta los 9 años, el perro alcanza la altura que conservará toda su vida, aumenta un poco en volumen, en

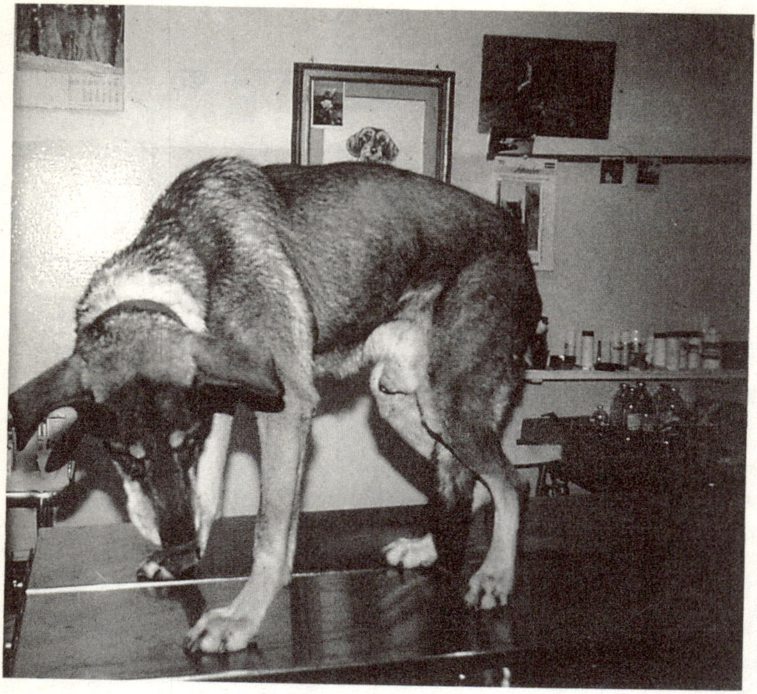

Perro a los 17 años de edad

vigor y en resistencia, hasta los 12 o 14 meses (según el tamaño y la raza), que permanece estacionario hasta los 9 años.

En la tercera fase, el perro va envejeciendo paulatinamente, sus fuerzas disminuyen, sus formas se modifican y el cansancio general se va acentuando hasta el límite de su existencia, de una duración media de 13 o 14 años. La vejez se manifiesta de manera más precoz o tardía según los individuos, la alimentación, los cuidados o las actividades desarrolladas (perros de caza y de trabajo) durante su vida.

Las medidas higiénicas que se deben respetar para los cachorros son: no retirarles la lactancia antes de los 45 días y no hacerlo de golpe, sino gradualmente; mantener sus intestinos limpios de todo tipo de endoparásitos; someterlos a un programa de vacunas riguroso; no dejarlos en espacios reducidos, lo que les impediría correr y saltar con plena libertad y les dificultaría su desarrollo normal, sobre todo de los aplomos y las extremidades.

Si se desea que el cachorro crezca fuerte, sano y llegue a ser un perro vigoroso y equilibradamente desarrollado en todas sus partes, es preciso que le demos alimentos sanos y nutritivos, y que no lo privemos de aire, luz y ejercicio.

No debemos olvidar que las hembras son más delicadas que los machos y que, aunque tengan el mismo tamaño y sean de la misma raza, normalmente son menos resistentes a los ejercicios para el trabajo.

AGENTES EXTERNOS

El aire

El aire influye en el estado de salud y en la higiene del perro como en todos los seres vivos. Cuanto más sano es, más saludable; sin embargo, cuando el ambiente es húmedo e impuro y mezclado con gases perjudiciales para respirar, resulta dañino. El aire templado (entre los 10 y los 20 °C) es muy saludable para el perro.

El aire ligeramente frío y seco (de 5 a 3 °C) es beneficioso para los perros adultos y de buena constitución, ya que es más denso y contiene más cantidad de oxígeno en un espacio reducido, activa la circulación de la sangre, aumenta el apetito, disminuye la sed y facilita la energía muscular, etc. Es una temperatura menos perjudicial que la del ambiente caluroso del verano y la de lugares demasiado cargados. Cuando la temperatura del aire baja por debajo de los 5 °C se dice que es muy fría; los perros que viven en este ambiente están tristes, débiles y poco sensibles y si el frío es exagerado, incluso los más fuertes lo notan. Cuando hace mucho frío es preciso tomar algunas precauciones; en estas circunstancias, los perros que viven en espacios muy calientes y protegidos del frío cuando salen a pasear deben protegerse con una manta.

El aire caliente (entre los 20 a 35 °C) fatiga a los perros, pues provoca una gran evaporación, y éstos jadean de manera continuada y forzada, su apetito disminuye y aumenta su sed, se les secan los tejidos conjuntivos y, en general, se debilitan. Para contrarrestar los efectos del calor se deben situar en la sombra, se moderará la luz demasiado fuerte en las perreras y no se los forzará con largos paseos ni con trabajos durante las horas más calurosas. Si además de ser caluroso el clima es húmedo, los perros se debilitan todavía más, se vuelven más perezosos y no tienen apetito. Se los debe animar con un buen alimento y no dejarlos sin agua fresca y limpia para beber.

La luz

La luz ejerce una acción importante; supone un componente energético para el animal. Si ésta falta, el perro perderá sus fuerzas, mientras que si es demasiado fuerte y persistente irritará sus ojos y la vista se debilitará; si es menos intensa pero continuada mengua la sensibilidad del ojo y con el tiempo provoca la parálisis de la retina. Una luz débil es adecuada para perros que necesitan descansar.

El viento

Los vientos moderados con una temperatura templada son saludables para los perros. Pero si por el contrario son violentos, fríos o húmedos los molesta hasta el punto de que, si están libres, buscan cobijo.

La niebla

Produce un enfriamiento del cuerpo y debilita el organismo por su humedad.

La lluvia

A los perros les gustan las lluvias breves de verano, porque la temperatura desciende y los refresca, pero si el perro está acalorado y se expone a precipitaciones intensas y largas puede resultar perjudicado. En tal caso, para impedir que el agua se evapore sola, por el calor del cuerpo, es necesario secarlo muy bien, frotándolo al volver del paseo o de trabajar.

La nieve

No es contraproducente para los perros. Les gusta jugar con ella. Pero con el tiempo, especialmente en días soleados, puede causarles molestias en la vista a causa de la luz reflejada. Muchos perros engullen gran cantidad de nieve, lo que les puede causar irritaciones graves en el estómago.

La temperatura exterior

Al igual que el hombre, el perro se adapta muy bien a todas las temperaturas. El perro que tiene el pelo corto puede notar la dureza del invierno en comparación con el de pelo largo, y en verano sucede lo contrario. En consecuencia, debe evitarse que durante los meses fríos los perros de pelo corto estén al aire libre mucho tiempo; por otra parte, con los perros de pelo largo se deberá evitar que jueguen y corran mucho durante las horas más calurosas de los días de verano. Y para todos ellos, insistimos en añadir que no deben estar expuestos al sol canicular ni estar en locales pequeños. Es fácil que sufran insolaciones.

El movimiento

Es necesario para la salud y el crecimiento: activa los músculos, ayuda a que los órganos digestivos funcionen correctamente y hace que la circulación y la respiración sean más activas.

También influye en la fuerza y en la inteligencia del cachorro, que así se acostumbra gradualmente a la obediencia y a la docilidad. Pero si el movimiento es excesivo resulta perjudicial, ya que fatiga al animal y además cansa las articulaciones y provoca daños crónicos en el esqueleto, especialmente en algunas razas de trabajo. Resumiendo, se debe tener cuidado para que el ejercicio sea proporcional a la salud y a las condiciones generales del perro.

El descanso

Es indispensable para recuperar fuerzas, aunque si es excesivo resulta más perjudicial que el ejercicio. Los perros que no se sacan a pasear nunca, se vuelven gandules, torpes, lentos y son más propensos a contraer enfermedades de la piel.

Los perros que están obligados a permanecer en reposo durante días, en casa, en la caseta o peor aún, con la cadena, difícilmente podrán ejercitar sus funciones y su equilibrio físico se altera muy pronto.

HIGIENE DEL CUERPO

El perro que vive, junto al hombre, seguramente en casa, necesita cuidados continuos y concretos para tener la piel, el pelo, los ojos, las orejas y las patas perfectamente limpios.

Será fácil mantener la higiene de un perro que esté alimentado correctamente, que realice regularmente sus paseos y que descanse en un lugar confortable. Debemos dedicar una parte de nuestro tiempo a limpiar al perro. Si

Modo correcto de peinar a un perro de pelo largo. Camp. Mund. 1990 Phili delle Antiche Mura (foto Bertoli)

el perro tiene el pelo corto, como por ejemplo el pointer, el dogo alemán, el fox-terrier de pelo raso, etc., la operación es muy simple y se realiza cepillando primero a contrapelo y luego en el sentido de su dirección natural, usando un cepillo de cerdas no demasiado duras.

Si es de pelo largo, se peinará con cuidado empezando por la cabeza hasta llegar a la cola. Al final, se debe pasar un paño suave humedecido para sacar la posible caspa y el polvo, y dejar el pelo brillante y suave. Sin embargo, si tiene el pelo muy largo es mejor no peinarlo y desenredar los posibles nudos con los mismos dedos.

Con las razas de pelo lanoso y con las que tienen abundante bajopelo (perros de lanas, perros zarceros de pelo rasposo, pastores alemanes, etc.) se usa un peine con las púas largas para no dañar el bajopelo; para los otros tipos (yorkshire, setter y cocker) se usa un peine con las púas estrechas. Las orejas de estos perros tienen que cuidarse mucho, ya que el pelo de alrededor se enreda fácilmente.

Durante el período de muda, que generalmente se produce dos veces al año y coincide con la primavera y con el otoño, se debe cepillar el pelo con cuidado para ayudar a que se desprenda. Así resulta más rápido y se favorece la salida de un nuevo pelo, sano y fuerte. Durante la muda es útil aportar suplementos vitamínicos (biotina natural en pastillas).

El baño

Cuantos menos baños realice, mejor. En el mercado existen productos a base de espuma seca que limpian al perro perfectamente, perfumando y abrillantando el pelo.

Únicamente la barba, si tiene, se lava después de cada comida, así como también las patas cuando se regresa a casa después del paseo.

A veces el baño resulta necesario, bien porque se ha ensuciado mucho, bien porque está bajo tratamiento antiparasitario. Pero es fundamental no abusar, ya que el baño destruye la grasa natural de la piel. La temperatura del agua oscilará alrededor de los 35 °C, los champús se deben diluir en el agua antes de meter al perro en su bañera y el nivel del agua le llegará hasta el vientre; se le deben tapar las orejas con algodón hidrófilo para que no les entre agua y se tendrá un especial cuidado al lavarle los ojos.

Para acabar se aclara con agua abundante para quitarle cualquier rastro de champú o de jabón y se seca bien con una toalla y luego con un secador.

La cabeza y los pies

Las *orejas* se deben vigilar a menudo. Si no están limpias, usaremos un palito de algodón empapado en un poco de aceite o en un producto especial que se encuentra en el mercado, sin introducirlo mucho; hay que cortar los pelos que crecen en el conducto auditivo.

Los *ojos* se deben limpiar de las secreciones que se van acumulando en el lagrimal con unas gotas de colirio neutro.

En los perros de pelo blanco, el pelo de debajo de los párpados inferiores se humedece con aceite para evitar que se coloreen de marrón.

Los *dientes* también precisan cuidados especiales. Los perros de tamaño grande o muy grande no ofrecen los problemas que son frecuentes en los perros pequeños o muy pequeños (yorkshire, maltés, pinscher, chihuahua, etc.), cuyos dientes se cubren a menudo de sarro que forma placas de color oscuro y de mal olor que provocan la aparición de piorrea o gingivitis.

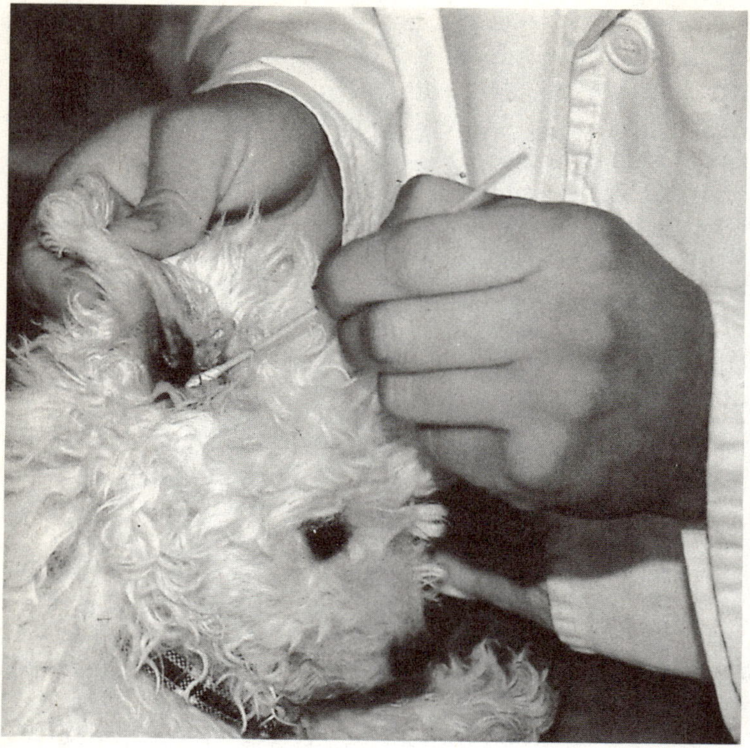

Limpieza de las orejas

No debe esperar a que se forme el sarro, sino que hay que acostumbrar al cachorro a la limpieza de los dientes, que puede efectuarse una vez a la semana frotándoselos con un cepillo y dentífrico o con jugo de limón.

Las *uñas* de los perros que no realizan mucho movimiento no se desgastan y así pues se deben cortar siempre que nos parezcan demasiado largas. Pero debemos prestar atención en no cortarlas demasiado para evitar que sangren; es suficiente con cortar la punta o con limarlas.

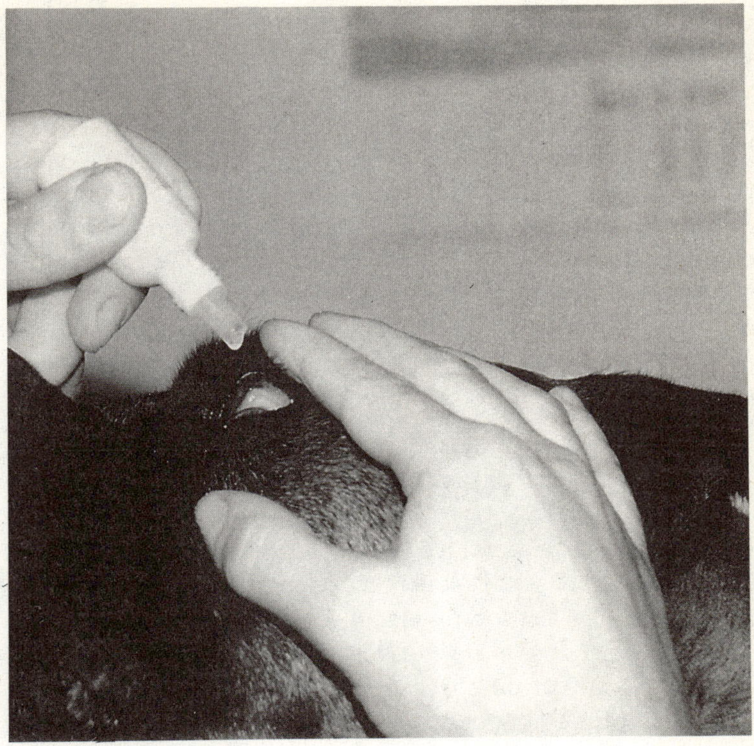

Cómo aplicar las gotas de colirio

Asimismo, los pies también necesitan cuidados: se debe quitar siempre la tierra que haya quedado entre los dedos, ya que endurecida produciría dolor al animal. A los perros de pelo largo es aconsejable cortarles el pelo de los espacios interdigitales.

El esquileo

Los perros de algunas razas se deben esquilar por cuestiones higiénicas o simplemente para seguir la moda; así, el perro de lanas se esquila cada cuatro o seis semanas; el fox-terrier, cada ocho o diez; el scottish, un par de veces al año. Naturalmente, el corte se debe hacer siguiendo el modelo estándar de la raza, sin tocados improvisados. También podemos llevar al perro a un salón de belleza para fijarnos en las técnicas que aplican y aprender a hacerle lo mismo en casa. En algunas razas de pelo duro, en lugar del esquileo se realiza el llamado *stripping*, que consiste en arrancar los pelos viejos y muertos cogiéndolos entre el índice y el pulgar o usando un peine adecuado. Es una operación muy fácil y, cuando ya se ha visto hacer, cualquiera la puede repetir solo.

VIAJES EN AUTOMÓVIL

A los perros en general les gusta y les divierte mucho viajar en coche. Pero es preciso acostumbrarlos a ello desde pequeños. Los cachorros viajan a gusto en los asientos de delante, pero los más grandes deben colocarse detrás y separados del conductor por un enrejado o por una red, como las que se encuentran en el mercado. Así, se evita que el perro pueda saltar repentinamente sobre el conductor causando un accidente involuntario; además, la ley así lo exige. No se debe dejar nunca el perro atado en el coche y con las ventanillas abiertas porque podría querer seguir a su amo, saltar fuera y ahorcarse.

EL MAREO Y LA CLAUSTROFOBIA

Muchos perros sufren mareo y cuando están dentro babean, vomitan y se emboban.

A los perros que sufren de claustrofobia y se agitan mucho dentro del coche, antes del viaje se les da unas gotas de calmante.

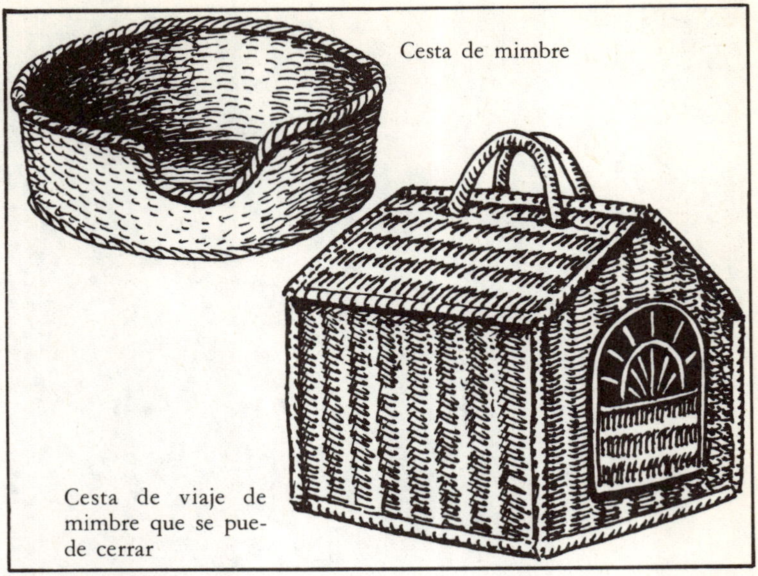

Cesta de mimbre

Cesta de viaje de mimbre que se puede cerrar

Es una mala costumbre dejar que el perro saque la cabeza fuera, al viento. Esto le provocará frecuentes otitis. También se desaconseja dejar el coche aparcado al sol con las ventanas cerradas y el perro dentro. Al cabo de pocos minutos moriría.

LA CASETA

Durante los primeros meses el cachorro muerde todo lo que alcanza con los dientes; como su lugar de descanso, será suficiente una cajita de madera bien limada y en el fondo se pondrá un cojín duro forrado con un tejido fuerte que se pueda lavar.

En un ángulo, bajo el cojín, puede colocarse un viejo despertador que le hará compañía con su tic-tac. Una vez

Caseta de viaje de plástico. Camp. Mund. 1990 Phili delle Antiche Mura (foto Bertoli)

superado el período crítico, se puede sustituir la caja por una cuna para animales pequeños, de mimbre o de tejido sintético, que se encuentra en todas las tiendas especializadas. Si el perro es pequeño vivirá en una de estas cajitas transportables de material sintético o de mimbre, que resultan además muy cómodas para viajar y para las estancias en hotel. El perro se sentirá siempre como en su casa. Para los perros grandes será más adecuado un colchón rígido que podemos hacer nosotros mismos en función de las medidas del animal.

Casa cubierta que se puede levantar

La cuna se deberá limpiar fácilmente y colocarse fuera de las corrientes de aire y al mismo tiempo lejos de objetos de valor.

Cuando no se quiera tener al perro en la misma casa se puede construir una caseta en la terraza o en el jardín. Debe situarse en un lugar resguardado del frío y del sol y apartado del paso de la gente para evitar que se altere. El fondo de la perrera, aunque sea pequeña, tendrá una leve

Casa con tapa que se puede levantar

inclinación y estará cimentada; si es muy grande, una parte estará cubierta de arena.

El recinto tendrá una red metálica alta para impedir que salte fuera. La caseta, de madera –nunca de cemento–, no debe ser muy grande ya que el mismo perro la debe poder calentar con el calor de su propio cuerpo. El fondo y las paredes se harán con dos capas de madera, dejando una cámara y rellenándola con un material aislante.

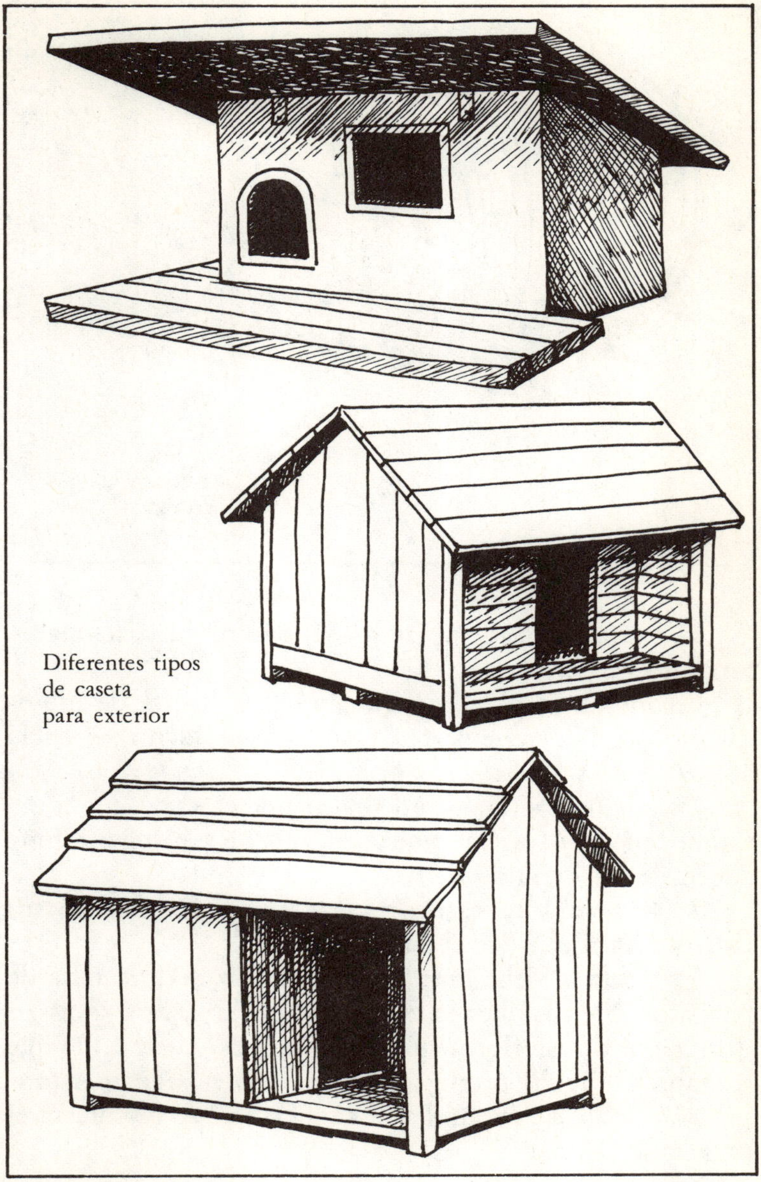

Diferentes tipos de caseta para exterior

Casa construida
a partir
de un tonel

El techo se puede abrir para permitir inspeccionar y limpiar el interior.

En invierno, para entrar habrá una puerta de movimiento pendular que se pueda abrir hacia dentro y hacia afuera.

Una manera simpática de hacer una caseta es usando y modificando un viejo tonel, que además resultará muy adecuado en verano.

Se levantará la caseta y se aguantará sobre cuatro ladrillos apoyados en el suelo.

La caseta se debe limpiar a menudo y desinfectarla de parásitos y de sus huevos. Se puede aplicar agua a chorro y detergente y posteriormente se aclarará con agua en la que se habrán diluido productos antiparasitarios en una proporción doble de la empleada cuando que se desinfecta el manto del animal.

CUIDADOS ESPECIALES PARA EL PERRO ANCIANO

El perro es un animal de costumbres fijas, que sigue siempre la misma rutina y nota mucho los cambios. Por eso sus costumbres deben variar lo mínimo indispensable.

Los perros ancianos no deben realizar carreras al aire libre porque pueden sufrir eventuales molestias cardíacas,

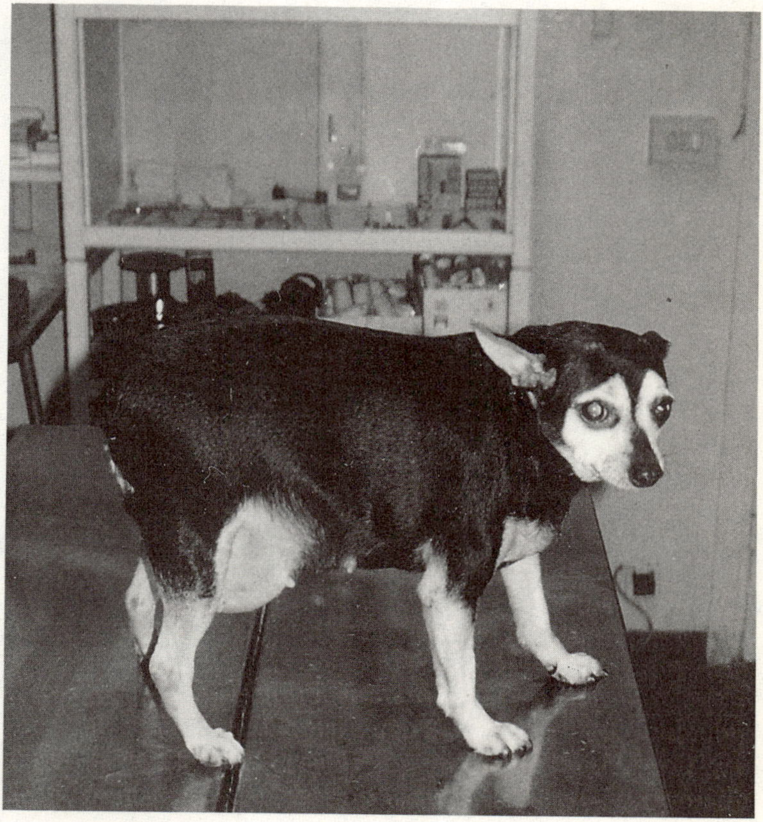

Perra obesa con grasa en las mamas

circulatorias, respiratorias o nefríticas que, a veces, pueden resultar mortales. Deben pasear atados de la correa, y no durante mucho tiempo.

El perro viejo debe alimentarse de productos que se digieran bien, pero si continúa estando en buenas condiciones físicas no será necesario cambiar totalmente su dieta; sólo se deberá mejorar la calidad sin variar la cantidad de comidas.

Es oportuno que consuma buenos alimentos enlatados preparados a propósito, teniendo en cuenta que es mejor que un perro viejo se mantenga delgado que no obeso.

Durante la vejez hay una pérdida de calcio por parte del organismo y es necesario prepararle una dosis de este elemento añadiendo sales minerales y vitaminas. Si se le ha acostumbrado a lamer alguna golosina fuera de las comidas y no supone para él un exceso de comida ahora, no se lo debe privar de ello.

Enfermedades

Se entiende por enfermedad toda alteración de la integridad anatómica y funcional del organismo. La enfermedad presenta características generales y locales, tiene una causa y un desarrollo, y requiere una terapia.

Se diferencia entre agudas y crónicas, según la intensidad de los síntomas y la evolución.

Según sean sus causas se distingue entre enfermedades traumáticas, enfermedades provocadas por agentes físicos, por agentes químicos, por parásitos, por causas infecciosas, endógenas y proliferativas.

Las bacterias son organismos unicelulares de dimensiones microscópicas que pueden carecer de movimiento o moverse en el ambiente que los rodea gracias a los apéndices (filamento o flagelo). Están presentes en todas partes, en el agua, en la tierra y en el aire.

Los virus son organismos patógenos submicroscópicos que pueden infectar a los animales. Son capaces de multiplicarse en el interior de la célula, donde la agresión se puede esquematizar en diferentes fases: absorción, cuando el virus ataca la superficie celular; penetración, en la que el virus entra en la célula y deja su propio material genético. Una vez dentro de la célula, el virus se multiplica y se libera por una rotura celular (lisis) o por generación, saliendo a través de las membranas.

Los parásitos son organismos animales o vegetales que viven gracias a otros organismos y pueden alojarse en células, tejidos u órganos.

En este capítulo se tratarán de las enfermedades víricas, bacterianas y parasitarias más frecuentes en el perro, y cuyo conocimiento interesa al hombre que está junto a él.

PRINCIPALES ENFERMEDADES INFECCIOSAS

Síntomas	*Moquillo*	*Hepatitis vírica*	*Parvovirosis*	*Tos de las perreras*	*Rabia*	*Leptospirosis*
Fiebre	*	*	*	*		*
Anorexia	*	*	*			*
Vómito	*		*			*
Diarrea	*		*			*
Tos	*			*		
Secreción nasal y conjuntivitis	*	*		*		
Alteraciones nerviosas	*				*	

ENFERMEDADES VÍRICAS

MOQUILLO

Características generales. Es una enfermedad infecciosa extendida en todo el mundo y peligrosa para la salud del perro. El agente etiológico es un *paramixovirus* que se transmite por vía aérea por las secreciones del animal infectado.

La infección se localiza primero en las vías respiratorias afectando particularmente las amígdalas; a partir de aquí, el virus se extiende hacia los diferentes órganos a través de la circulación sanguínea, en la llamada fase de *viremia*.

Síntomas. El perro muestra los primeros síntomas de la patología con inapetencia e inactividad; la temperatura sube hasta los 40 °C, e incluso más.

Dado que el virus del moquillo se puede localizar en diferentes tejidos podemos distinguir diferentes formas: forma respiratoria y nerviosa.

Forma respiratoria: Acostumbra a ser la más frecuente. El perro, además de los síntomas citados anteriormente, tiene tos, primero seca y fuerte y luego húmeda, con catarro, le gotea la nariz, y sufre conjuntivitis junto con fotofobia (no soporta la luz).

El problema de las vías respiratorias se puede agravar después con el desarrollo de infecciones bacterianas secundarias que pueden llegar a provocar una bronconeumonía.

Forma intestinal: Como todas las infecciones que se dan en el trayecto gastrointestinal, la forma intestinal presenta una fase de disentería con heces líquidas catarrales y a veces hemorrágicas.

En esta situación, el estado de salud del animal también se debilitará y aparecerán al mismo tiempo complicaciones de enteritis bacterianas secundarias.

Forma nerviosa. Antes de afectar el sistema nervioso, el virus ya ha provocado una de las dos formas anteriores. En esta forma no es posible trazar un orden cronológico de los acontecimientos patológicos, ya que las lesiones y las manifestaciones varían en función de la sede nerviosa afectada por el virus.

Algunos perros muestran irregularidades al caminar, sus articulaciones están descompensadas, como si estuviese ebrio; se produce una parálisis fláccida en una articulación o en todas las articulaciones, con atrofia muscular al no moverlas; también se observan lesiones en el sistema nervioso central con manifestaciones epilépticas, sin coordinación del movimiento articular, contracciones musculares localizadas (tic nervioso), hasta atacar el nervio óptico, provocándole ceguera.

Cuando la infección afecta el sistema nervioso central, la salud del perro estará en peligro y, aunque se supere la enfermedad, siempre quedarán lesiones nerviosas. En las tres formas se observa una reacción en la piel con erupciones típicas en los muslos y en el abdomen; también hiperqueratosis (aumento del espesor de la capa córnea de la epidermis) de los pulpejos y de la trufa.

Tratamiento. Es preciso dejar claro que no existe una terapia antivírica específica para combatir el moquillo aparte de un suero hiperinmune. El veterinario establecerá las curas adecuadas según la gravedad y la localización de la enfermedad.

Las medidas higiénicosanitarias en la terapia del moquillo tienen una gran importancia, al igual que en todas las infecciones de tipo vírico. El tratamiento empieza por hacer remitir los síntomas clínicos y ayudar al paciente. Las infecciones bacterianas secundarias se pueden combatir generalmente con antibióticos de gran eficacia (penicilina, cloramfenicol, etc.).

Prevención: dado que el moquillo es una enfermedad vírica que afecta frecuentemente a los cachorros, se aconseja, como medida preventiva para reducir el riesgo de infección, vacunarlos bajo estricto control veterinario.

El veterinario aconseja mantener la higiene del perro; tenerlo en ambientes cálidos y muy bien ventilados; tratar en lo posible que acepte los alimentos con aporte energético, ricos en vitaminas y proteínas; esto para hacer frente al aumento metabólico del animal a causa de la fiebre y ayudar así a combatir la debilidad patológica.

PARVOVIROSIS

Características generales. La gastroenteritis infecciosa del perro o parvovirosis es una enfermedad vírica reciente. Según algunos especialistas, el virus puede considerarse como una variante del que produce la *Panleucopenia* del gato.

La enfermedad puede atacar al animal en cualquier edad, pero es peligrosa para los más jóvenes, ya que puede provocar una forma gastroentérica o miocárdica. La principal fuente de infección son las heces contaminadas; además se puede transmitir rápidamente de perro a perro por el contacto con cualquier objeto infectado. Cuando se ha contraído el virus, se manifiesta a nivel del tejido linfático de la orofaringe, pudiéndose observar una notable viremia.

Síntomas. El cuadro clínico de la patología se completa con la fase de multiplicación y difusión del virus; en algunos casos aparece diarrea, aunque normalmente el primer síntoma es un vómito espumoso. A continuación se producirán ataques de disentería con heces amarillo-grisáceas; si es más grave, serán hemorrágicas, oscuras y con mal olor.

El animal padecerá de dolores abdominales, rechazará el alimento (anorexia) querrá satisfacer su sed, tendrá vómitos, se volverá apático y tendrá un comportamiento que expresará dolor.

Paralelamente a estos síntomas, el animal tendrá hipertermia (fiebre) o hipotermia con deshidratación en los casos más graves. Puede desencadenarse un fatal resultado en sólo uno o dos días, según sea la gravedad, la intensidad, la edad del perro y su estado inmunitario. Pero si se lo ayuda con cuidados adecuados, el animal podrá superar este gran peligro. Es importante que el propietario actúe correctamente y acuda al veterinario para combatir la enfermedad con todos los medios posibles.

En los animales jóvenes, de edad inferior a las 8 semanas, el virus puede producir una lesión miocárdica con un agrandamiento del corazón, una disfunción cardíaca y circulatoria y, finalmente, la muerte, sin que se manifiesten los síntomas clásicos de la enfermedad.

Como ya se ha dicho anteriormente, esta enfermedad ocasiona un alto porcentaje de mortalidad entre los jóvenes, porque a causa del vómito, la diarrea y la anorexia el animal cae en un estado de deshidratación que lo hace vulnerable a las posibles complicaciones bacterianas secundarias.

Cura. Es aconsejable usar un antiemético, un antidiarreico y un antibiótico por vía parenteral, y en las situaciones necesarias usar soluciones glucosadas y Ringer lacteado por vía intravenosa.

Prevención: la vacuna es importantísima (ver capítulo sobre la cría); además, hasta que el perro no ha completado el programa de vacunas básicas no se aconseja llevarlo a lugares donde se encuentren otros perros, para evitar el contagio de la enfermedad, ya que en los sujetos adultos se puede implantar una forma asintomática a causa de la difusión del virus por el ambiente.

Además se aconseja, cuando un perro ha muerto por gastroenteritis, dejar pasar un período de tiempo (entre

tres y cuatro meses) prudencial antes de adquirir otro, ya que el virus de la enfermedad se mantiene vivo en el ambiente durante mucho tiempo.

El veterinario aconseja no dar alimento al perro durante la enfermedad para dejar reposar así el intestino. Se debe volver a la dieta normal después de transcurrido un tiempo, entre cuatro y seis semanas, para permitir que el tubo digestivo lesionado recupere su total funcionalidad.

Rabia

Características generales. Es una enfermedad vírica producida por un rabdovirus.

Se transmite por el mordisco de un animal infectado a través de la saliva.

Muchos mamíferos salvajes y domésticos, incluido el hombre, pueden contraerla. Por su alto índice de mortalidad constituye la zoonosis más conocida y, al mismo tiempo, la más temida.

Es un fenómeno bastante raro entre nuestros animales domésticos gracias a las campañas de prevención obligatoria, pero el virus está aún presente en algunas áreas geográficas.

El período de incubación varía según el lugar y la cantidad de virus que se ha transmitido.

Desde la herida contaminada, el virus corre por los nervios periféricos hasta alcanzar el sistema nervioso central (encefálico) y desde allí se extiende por todos los tejidos, sobre todo por las glándulas salivares.

Síntomas. Al principio el animal infectado cambia el propio comportamiento; el que generalmente es sociable se vuelve agresivo y al revés, a medida que la enfermedad avanza el perro muerde a otros animales, personas y objetos.

También se producen cambios en la voz (pérdida de saliva del extremo labial) porque se produce una parálisis de la faringe y la laringe, de la mandíbula y, en consecuencia, aparece la incapacidad para engullir.

En las fases terminales de la enfermedad se puede observar una falta de coordinación general, con parálisis progresiva con convulsiones, hasta llegar a la muerte del animal.

Tratamiento. La infección es mortal. Al animal que presente los síntomas típicos de la enfermedad, a falta del tratamiento eficaz, se lo mantiene completamente aislado y bajo observación durante algunos días, para que la enfermedad se manifieste en su totalidad, o bien se produzca la muerte del animal.

Prevención: al igual que con todas las enfermedades víricas la vacunación es necesaria, particularmente si se lleva al perro a lugares donde la enfermedad no haya sido del todo erradicada.

Hepatitis vírica

Características generales. La causa un *Adenovirus CAV 1* y es una enfermedad muy contagiosa que se transmite por las heces, la saliva, la orina o incluso por el simple contacto con materiales e instrumentos infectados.

Los animales que hayan pasado la enfermedad pueden contagiar el virus incluso hasta seis meses después de la infección.

El virus entra por la boca, donde se aloja en las cavidades de las amígdalas; de aquí pasa después a la sangre (fase de viremia) hasta llegar al hígado y los riñones, con lo cual la orina y las heces resultan también infectadas.

Cualquier perro puede contraerla pero, como ocurre con muchas enfermedades víricas, ésta se encuentra extendida entre los más jóvenes.

Síntomas. Son muy variados; se puede pasar de una situación de extrema gravedad, en la que los cachorros pueden morir en poco tiempo sin haber dado señales de estar enfermos, hasta síntomas sin importancia, especialmente en los adultos.

En general, los síntomas de la enfermedad pueden ser: ligero aumento de la temperatura, amigdalitis, dolor abdominal cuando la hepatitis está en curso y córneas opacas que pueden aparecer entre una y tres semanas después.

Tratamiento. La terapia varía en función de la gravedad de la enfermedad. Al igual que en las demás infecciones víricas se usan soluciones glucosadas y Ringer lacteado junto con productos hepatoprotectores y antibióticos por vía parenteral.

Prevención: vacunar al animal y evitar que entre en contacto con individuos infectados.

TRAQUEOBRONQUITIS INFECCIOSA

Afecta el aparato respiratorio y se caracteriza por la presencia de tos, pirexia y anorexia hasta llegar a una pulmonía provocada por agentes bacterianos secundarios.

Al hablar de esta patología no podemos atribuirla a un solo agente causal, ya que ésta puede ser consecuencia de diferentes virus: moquillo, *adenovirus CAV 2*, virus de la gripe canina. Sobre este terreno ya infectado se implantan posteriormente algunas formas bacterianas, entre las cuales destaca la *Bordetella bronchiséptica* e infecciones por micoplasmas.

La tos de las perreras se extiende en los lugares donde haya más animales en contacto, aunque sean de diferente edad, y que no disfruten de buenas condiciones higiénicas.

Esta situación se puede dar en los centros comerciales, perreras, en las casas y en los centros de adiestramiento. Aquí, al principio, los animales sufren un estrés que condiciona el desarrollo de la infección.

La principal fuente de contagio son las partículas infectadas que se emiten al toser.

Síntomas. El animal presenta una temperatura ligeramente alta, con una tos seca, dura, ataques paroxísticos que se notan fácilmente por el movimiento de la laringe y/o tráquea; en caso de que también intervinieran complicaciones bacterianas secundarias, la tos se hace suave por tratarse de catarro. El desarrollo de la enfermedad puede alargarse durante dos o tres semanas.

Tratamiento. En el tratamiento para el paciente se le ha de suministrar un preparado expectorante y un mucolítico (cloruro de amonio y codeína), reservando la administración de la dosis de antibióticos (cloramfenicol, ampicilina, etc.), inactivos en los agentes etiológicos primarios, al sujeto afectado por complicaciones bacterianas.

Prevención: evitar introducir a los animales infectados en los lugares de reunión; actualmente se encuentran en el mercado vacunas específicas para este tipo de infección.

Además de las citadas hasta ahora, existen otras enfermedades víricas poco conocidas entre la gente pero no por esto menos importantes: herpes virus y corona virus.

HERPES VIRUS

Es la causa de la muerte de los recién nacidos en su primera o segunda semana de vida: los cachorros afectados están deprimidos, no comen y lloran constantemente a causa de dolor abdominal. Pueden morir en veinticuatro horas.

El virus se puede haber transmitido por el útero, durante la gestación, al pasar por el canal vaginal o al estar en contacto directo con animales adultos que actúan como si fuesen portadores sanos.

La infección se extiende por todo el organismo y provoca la muerte de las células en diferentes tejidos.

Actualmente aún no existen productos farmacéuticos que combatan el herpes. Se aconseja lavar repetidas veces con antisépticos las vías genitales antes del parto y cuidar la higiene de los cachorros después del nacimiento.

CORONA VIRUS

Es una especie de gastroenteritis menos grave que la parvovirosis; no obstante, puede producir lesiones en el aparato intestinal y llegar incluso a modificar en parte las funciones fisiológicas normales.

ENFERMEDADES BACTERIANAS

LEPTOSPIROSIS

Características generales. Es una infección que ataca de manera frecuente al perro. Los dos serotipos bacterianos más frecuentes son la *L. icterohemorrágica* y la *L. canicola.*

Los microbios se pueden eliminar a través de la orina que producen los animales infectados, lo cual es una posible fuente de infección para otros sujetos. La infección se produce a través del contacto directo con animales infectados o bien por ingestión de materiales contaminados. Una vez ha penetrado la bacteria por las mucosas o por las heridas cutáneas, se observa una leptospiremia y los agentes se concentran en los riñones creando un núcleo de infección.

Síntomas. En el transcurso de la infección por *L. icterohemorrágica*, el daño y la lesión recaen sobre el hígado. El dolor hepático agudo a menudo viene seguido de la muerte del perro, que puede producirse de manera rápida o bien pasados algunos días de sufrimiento. Las manifestaciones típicas de la enfermedad son: apatía, inapetencia, diarrea sanguinolenta e ictericia (las mucosas orales y la parte blanca del ojo adquieren una coloración amarillenta).

La *L. canicola* ataca preferentemente los riñones y causa una nefritis que conlleva un funcionamiento alterado del organismo. Como consecuencia de esto, hay una acumulación de sustancias tóxicas endógenas (urea) en la sangre que normalmente se eliminan por la orina. La acumulación de urea en el flujo sanguíneo provoca una toxicidad endógena: los perros urémicos muestran apatía, sufren de vómitos e inapetencia y a menudo se les advierten úlceras en la mucosa oral, junto con halitosis. En esta situación, la vida del perro también se encuentra en peligro.

Tratamiento. A los perros que presentan esta enfermedad se los trata con penicilina G sódica junto con estreptomicina por vía intramuscular tres veces al día durante algunos días, y también dos días después de que la temperatura sea de nuevo normal.

El estado de deshidratación y de acidosis que aparece tras el vómito y la diarrea se mejora mediante Ringer lacteado, y la toxemia como consecuencia de la anuria –es decir, debida a la insuficiencia renal–, mediante la diálisis peritoneal.

Prevención. el único modo de prevenir esta infección es la vacunación. Para los perros que se pasean por el campo o a lo largo de las orillas de los ríos se aconseja una vacunación cada seis meses. Un último consejo para los propietarios de perros infectados de leptospirosis es que los traten con sumo cuidado usando guantes para proteger las manos y evitar así un posible contagio.

TÉTANOS

Características generales. El *Clostridium tetani* es el causante de esta enfermedad algo rara en el perro pero muy temida.

El bacilo entra en el organismo a través de las heridas, mordeduras o rasguños. El período de incubación puede ser muy largo y el bacilo, al principio de la infección, genera exotoxinas que interfieren en el sistema nervioso del animal.

Síntomas. Espasmos musculares, incapacidad de mantenerse sobre las cuatro patas, contracción de los músculos faciales que hacen que el perro tenga un aspecto característico llamado *risus sardonicus*: los labios se estiran hacia atrás, la nariz se dilata, la frente se frunce y los pabellones de los oídos se estiran.

El animal está ansioso, alarmado y al mínimo estímulo táctil, luminoso o acústico, acentúa las contracciones tónicas.

Al principio la temperatura es normal, pero a continuación sube a 42 °C o más debido a los espasmos; la respiración se hace frecuente y superficial.

Tratamiento. En estas circunstancias, el animal se debe mantener en un ambiente tranquilo; cuando la herida sea visible es preciso realizar una limpieza quirúrgica, así como también inyectar penicilina por vía intramuscular.

Para controlar los espasmos musculares se aconseja usar tranquilizantes; si la infección se identifica con antelación, resulta muy útil aplicar suero antitetánico.

Prevención: el bacilo se desarrolla en las heridas lacerocontusas y en situaciones anaeróbicas, y por eso para limpiarlas se aconseja el uso de sustancias que contengan oxígeno (agua oxigenada, por ejemplo).

Además de las enfermedades bacterianas citadas hasta aquí, los perros pueden sufrir el ataque de innumerables agentes patógenos en el apartado digestivo (salmonelas, *E. Coli, proteus*, enterococos), en el aparato respiratorio (*pasteurella*, microplasmas y en el tegumentario (estreptococos, estafilococos, etc.).

Entre las infecciones recordamos la brucelosis y la tuberculosis.

Los perros machos afectados de brucelosis muestran orquitis (inflamación de los testículos) y epididimitis con atrofia testicular; las hembras sufren abortos o les nacen cachorros muertos. En las infecciones de tuberculosis el aparato respiratorio es el más afectado y en consecuencia habrá tos y dificultad para respirar con una pérdida excesiva de peso del animal.

Ambas enfermedades son raras, pero ya que se pueden contagiar al hombre se debe tener en cuenta la posibilidad de proceder a la eutanasia del animal para no propagar la infección.

ENFERMEDADES PARASITARIAS INTERNAS

Hay una infinidad de parásitos que pueden anidar en el perro.

Se puede distinguir entre parásitos internos (endoparásitos) y parásitos externos (ectoparásitos).

Entre los parásitos internos, además de los que ya se han citado en el apartado sobre el destete, merecen especial atención la filariasis y las enfermedades protozoarias.

FILARIASIS

Características generales. La filariasis, causada por un nematodo, la filaria, es una enfermedad parasitaria que no se contagia de perro a perro, sino que necesita un huésped intermedio que hace de vehículo de un animal a otro y en el que el parásito desarrolla parte del propio ciclo vital.

Estos huéspedes intermedios son los mosquitos, dípteros hematófagos.

Larva de *Dirofilaria immitis* (microfilaria), aumentada 410 veces, en el suero de la sangre. Es el agente que causa la filariosis canina

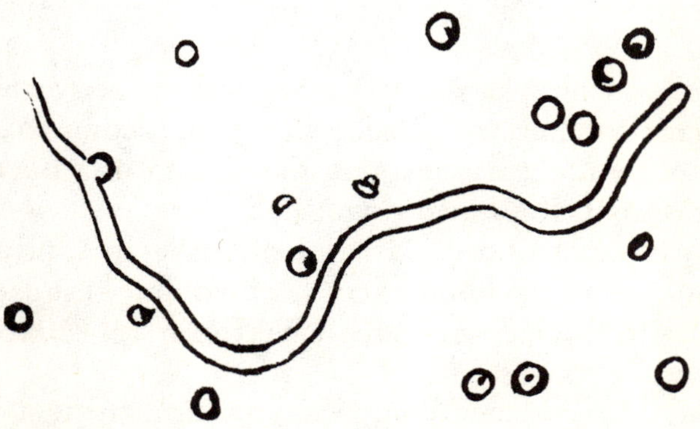

La filaria, extendida en los climas cálidos, húmedos y templados donde el elemento intermediario se puede desarrollar fácilmente, es un parásito blanquecino de 20 a 30 cm de largo que, cuando es adulto, se encuentra en el corazón y en las arterias pulmonares, donde se nutren de plasma.

Las macrofilarias, forma adulta del parásito, producen a su vez microfilarias, formas más pequeñas que se introducen en el torrente sanguíneo.

El mosquito que pica al perro en fase de microfilaremia chupa la sangre que contiene las formas jóvenes. En su interior se desarrollan las larvas durante unos veinte días y cuando el mosquito vuelve a picar a otro perro le transmite las microfilarias en estado evolucionado debajo de la piel.

En este lugar pueden permanecer de ochenta a ciento veinte días aproximadamente, transformándose hasta llegar a la forma adulta, y a través de la sangre llegan hasta su objetivo: el corazón y las arterias pulmonares.

Es un parásito conocido y muy temido, especialmente entre los cazadores ya que el perro atacado sufre trastornos cardiocirculatorios que minan su resistencia y le provocan fatiga.

Síntomas. Como ya se puede imaginar, un perro afectado de filariasis muestra señales de fatiga acompañados a menudo de molestias respiratorias: baba en la boca, ataques de tos y respiración irregular.

En el desarrollo de la patología, la gran cantidad de parásitos (tanto en número como en volumen) situados en el corazón hacen que éste deba forzar su ritmo para bombear la sangre.

Este trabajo extra comporta inicialmente una hipertrofia de la pared cardíaca y puede acabar con un desgaste de las paredes y, en consecuencia, provocar una descompensación, una insuficiencia cardíaca.

Además de los disturbios cardiorrespiratorios entran en juego las clásicas molestias circulatorias con ascitis (acumulación de líquidos en la zona abdominal), hepatitis, edema pulmonar, insuficiencia renal y, al final, acaece la muerte del perro.

Tratamiento. Para eliminar las formas adultas existe un producto específico a base de arsénico. Además debe tenerse en cuenta la posibilidad de aplicar ayudas farmacéuticas (antiagregantes plaquetarios y hepatoprotectores) para afrontar las molestias secundarias causadas por la muerte del parásito.

Profilaxis: plantas productoras de piretrinas repelentes para colocar cerca del perro en el período de verano-otoño, redes antimosquitos en las ventanas, evitar llevar al perro a zonas húmedas durante las primeras horas de la mañana y durante el atardecer, y quimioprofilaxis microfilaricida. Actualmente en el mercado se puede encontrar un producto que desarrolla esta última acción: son comprimidos que se dan una vez al mes durante el período de aparición de los mosquitos que contienen una sustancia que mata las microfilarias que el perro haya podido absorber durante la temporada (Cardotec).

Se aconseja un examen específico del animal antes de suministrar estas pastillas para eliminar la presencia de la filaria adulta, ya que el producto no tiene ningún efecto macrofilaricida.

Piroplasmosis o babesiosis

Características generales. Es una de las enfermedades protozoarias más comunes (los protozoos son parásitos unicelulares que invaden los elementos celulares).

En el perro se pueden encontrar tres tipos de piroplasmosis.

Después de la inoculación a través de garrapatas, los parásitos se introducen en la sangre e invaden los glóbulos rojos, donde se multiplican. El eritrocito con parásitos sufre una lisis mecánica, es decir, su destrucción.

Síntomas. Los síntomas clínicos corresponden a los del desarrollo de una anemia hemolítica. El perro tiene fiebre, pérdida del sistema sensorial y mucosas pálidas que pueden volverse ictéricas.

En las formas agudas, la enfermedad puede resultar fatal.

Una pista de esta patología puede ser el color oscuro, como de café, de la orina.

En este caso, la vida del perro está en peligro y su propietario debe llevarlo rápidamente al veterinario.

Profilaxis: hay que evitar que el perro entre en contacto con garrapatas.

Coccidiosis

Características generales. La coccidiosis es una infección protozoaria común en el perro que causa diarrea y en los individuos jóvenes, la muerte.

Estos parásitos crecen en lugares donde se encuentran muchos perros (tiendas, perreras, residencias caninas) y en lugares con falta de higiene y donde los animales sufran estrés.

Existen diferentes tipos de coccidiosis que pueden atacar al perro.

Los más frecuentemente afectados son los que atacan a los cachorros, mientras que los adultos, tras pasar la infección y crear defensas, pueden continuar siendo portadores del parásito.

Síntomas. Las manifestaciones clínicas varían según la especie de protozoo infectante, la cantidad de parásitos y las lesiones causadas; puede darse diarrea o hemorragia, anemia, deshidratación; incluso a veces vómito y dolor al palpar el estómago.

La irritación intestinal puede llegar a afectar todo el intestino delgado, especialmente en la última parte, el íleon.

Se puede establecer un diagnóstico sólo después de un examen coprológico (de las heces) detallado.

El contagio se produce de manera directa al ingerir los huevos del parásito. Una vez en el intestino, los oocistos salen del huevo y penetran en las células, destruyéndolas.

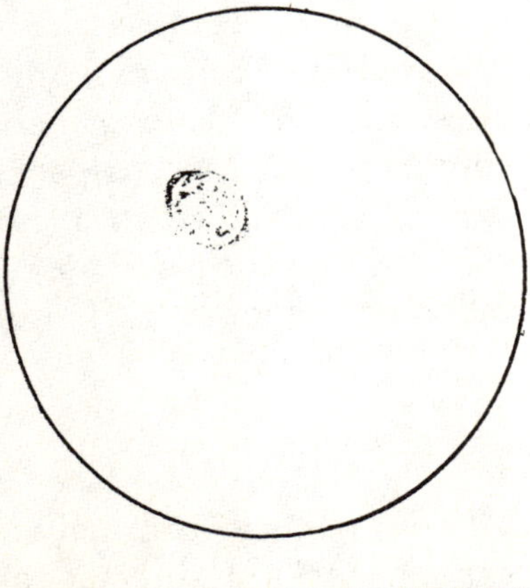

Oocisto de *Isospora*, uno de los cóccidos del perro, aumentado 410 veces

Tratamiento. Normalmente se aplica una terapia concreta con sulfamidas (sulfametazina, sulfametaxipiridazina por vía oral) junto con compuestos rehidratantes.

Profilaxis: se puede prevenir la presencia de coccidiosis cumpliendo las normas higiénicas y alimenticias normales, desinfectando el lugar y eliminando las heces.

Cabe mencionar también otra enfermedad protozoaria que afecta no sólo al perro, sino también al hombre, y que recibe el nombre de *toxoplasmosis*. El protozoo realiza en el interior del perro el ciclo extraintestinal, por lo que no se elimina su forma infecciosa. Tanto el hombre como el perro se infectan ingiriendo tierra que contenga huevos o verduras contaminadas, o bien comiendo carne de vaca, cerdo o caballo, cruda o poco hecha, ya que pueden contener formas infectantes de toxoplasmas.

PARÁSITOS EXTERNOS

Estas enfermedades parasitarias son provocadas por agentes que viven en la piel del perro y le producen heridas que se pueden infectar fácilmente, que le pueden provocar reacciones importantes.

Los daños que los parásitos externos causan al animal pueden ser locales o generales; entre los daños generales observaremos un empobrecimiento del aspecto general, una situación anémica y tóxica general; además puede actuar de vehículo intermedio para la transmisión de otras patologías (véase los apartados dedicados a las pulgas y garrapatas).

PULGAS

Características generales. Es un parásito habitual en el perro. Además de provocar una acción directa como parásito, puede servir de huésped intermediario para otros parásitos del perro (tenia).

Tiene una longitud aproximada de 0,5 cm, es de color rojizo y se puede ver fácilmente al realizar la revisión higiénica rutinaria de la piel del perro.

Síntomas. Es un parásito hematófago cuya acción es traumática, y también puede ocasionar reacciones alérgicas producidas por alguna sustancia presente en su saliva.

El principal síntoma es una picazón intensa que se extiende por la línea dorsal y por la base de la cola. La intensidad puede ser tal que el perro llegue a provocarse automutilaciones debido a los continuos mordiscos, rasguños y lametones.

El diagnóstico consiste en encontrar el parásito o sacar, mientras se limpia al animal, el llamado *polvo de carbón*, que no es otra cosa que la sangre que ha chupado la pulga.

Tratamiento. Hay una gran cantidad de productos antiparasitarios en el mercado conocidos gracias a la publicidad; se pueden usar polvos, baños medicinales, aerosoles y gotas para aplicar en las zonas afectadas. Pero a veces el problema no queda resuelto definitivamente, no porque los productos no sean válidos, sino porque los parásitos resisten y se adaptan a los productos más comunes, y porque no se realiza una prevención higiénica perfecta del animal y del medio donde se encuentra.

PEDICULOSIS

Características generales. Es la infestación de piojos. Pueden ser de dos tipos: los chupadores, que producen una mayor irritación porque penetran en la piel para alimentarse de los líquidos de los tejidos, y los mordedores, que se alimentan de escamas y restos de piel.

Estos parásitos realizan el propio ciclo vital completo en el perro. Son grises, de unos 2 mm de largo y dejan los huevos o liendres en la parte exterior del pelo.

El contagio puede producirse con el contacto directo entre perro y perro, o bien a través de materiales y utensilios contaminados, como cepillos, peines, etc.

Síntomas. El perro atacado presenta una dermatitis con zonas coloreadas en la piel y endurecimiento y opacidad del pelo.

Tratamiento. Los productos antiparasitarios comunes actúan solamente sobre las formas adultas: así pues, se deben realizar baños medicinales por lo menos tres veces en el intervalo de una semana para poder eliminar las liendres, que en ese tiempo ya habrán madurado.

GARRAPATAS

Características generales. La garrapata que infecta de manera más frecuente la piel del perro es *Riphicephalus sanguineas*. Es un parásito que se nutre de sangre introduciendo todo el aparato bucal en la piel del animal. Además de su acción nociva puede hacer de huésped intermedio para una enfermedad protozoaria, la piroplasmosis.

La temporada de máxima difusión de las garrapatas es en la primavera y el verano; las zonas más afectadas son las articulaciones de las extremidades, la cabeza y las partes inferiores del perro.

El animal se puede contagiar acudiendo a lugares contaminados (parques, jardines, etc.).

Tratamiento. Hay que revisar la piel del perro después de cada paseo y eliminar mecánicamente las posibles garrapa-

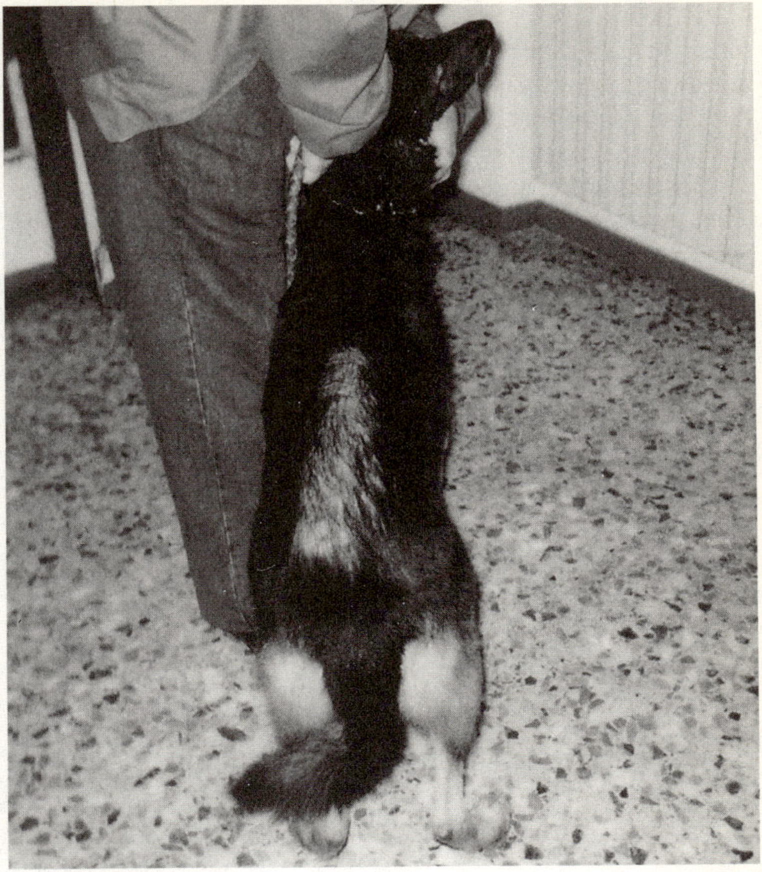

Dermatitis por pediculosis

tas. Si el perro presenta un avanzado estado de infección, le irán bien los baños medicinales.

Al eliminar la garrapata es preferible, para evitar que se quede la estructura del aparato bucal en la piel, matarla antes de extraerla con algodón empapado en alcohol o éter, o bien echándole unas gotas de aceite encima.

Pasados unos minutos, se retirará el animalito con unas simples pinzas para las cejas, cogiéndolo por la zona bucal y estirándolo de golpe.

Una vez se ha eliminado el parásito, hay que desinfectar la parte afectada.

No se aconseja destruir las garrapatas aplastándolas en el suelo, ya que los huevos de la hembra se podrían extender por el ambiente.

Son efectivos los collares antiparásitos específicos.

DEMODICOSIS

Características generales. La demodicosis o sarna roja la produce un habitante habitual en el folículo capilar del perro, el *Demodex folliculorum canis*.

No es un parásito que se contagie de perro a perro, sino que existen una serie de condiciones que permiten que este ácaro se multiplique.

Síntomas. Existen dos tipos de manifestaciones: una localizada y otra generalizada. La forma localizada es frecuente en los cachorros y se soluciona en poco tiempo; el generalizado, en cambio, es un problema más grave, ya

Garrapata del perro

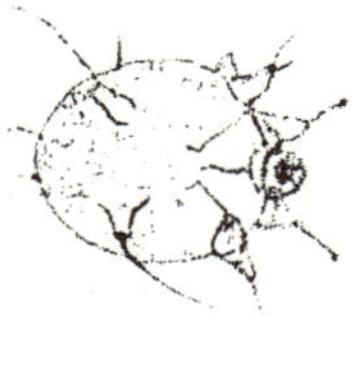

que las lesiones se pueden complicar con infecciones bacterianas secundarias.

Las lesiones de la demodicosis localizada se manifiestan por una alopecia focal (pérdida del pelo) en la zona ocular junto con la formación de escamas y erupciones prominentes en el hocico y en las extremidades de las articulaciones.

En la demodicosis generalizada, como indica la misma palabra, las lesiones abarcan grandes zonas del cuerpo, con enrojecimiento, escamas, hiperpigmentación y pérdida del pelo.

A continuación, además de estas lesiones se pueden desarrollar pústulas con foliculitis (proceso inflamatorio producido por un folículo capilar) o forúnculos, producidos al entrar y desarrollarse agentes bacterianos presentes normalmente en la piel del animal.

El diagnóstico se puede establecer tras haber raspado la piel en profundidad, provocando una pequeña hemorragia y observando al microscopio la presencia de los parásitos.

Ácaro de tipo *Demodex*, que causa la sarna roja del perro

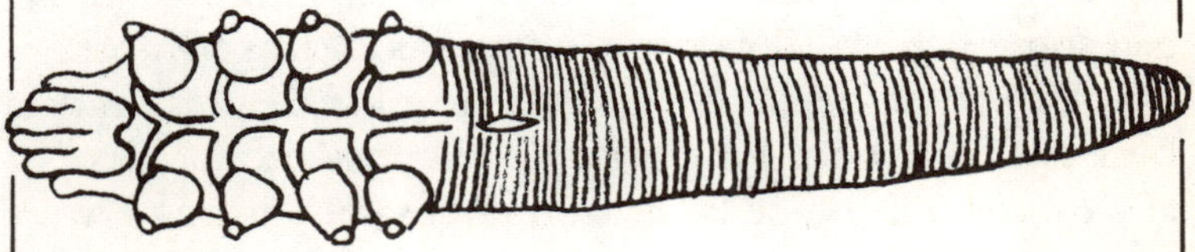

Tratamiento. Se aconseja no usar productos a base de corticosteroides (cortisona), ya que la enfermedad se presenta en animales ya inmunodepresivos. Los resultados serán óptimos si se usan pomadas, cremas, champúes a base de rotenona y otros acaricidas.

En las formas generalizadas, la situación es más difícil. El mejor producto para aplicar es el Amitraz.

Este producto se debe usar con mucho cuidado, ya que sus efectos secundarios pueden provocar depresión nerviosa a los perros, sobre todo si son de tamaño pequeño.

En algunos casos, si la forma generalizada se complica con infecciones bacterianas secundarias, se debe suministrar antibiótico por vía general.

SARNA

Características generales. La provoca un ácaro que se puede encontrar en diferentes partes del cuerpo. Las lesiones empiezan a manifestarse por la cabeza o por las zonas donde la piel es más fina y carece de pelos como las axilas, la ingle, el vientre y abdomen, la base de la cola y los extremos de las articulaciones.

El contagio puede ser directo o indirecto.

Síntomas. Vive debajo de la piel del huésped y excava auténticas galerías. Aparecen dermatitis con eritemas, pápulas (granitos sólidos y un poco prominentes que aparecen sobre la piel), alopecias y pequeñas costras hemorrágicas. La piel se descama y exhala un olor de grasa rancia muy característico. Junto con las lesiones producidas por el parásito, a causa de la picazón intensa el mismo perro se provoca autolesiones; en el transcurso de la enfermedad las características externas se agravan llegando hasta la acantosis (enfermedad cutánea que se caracteriza por una

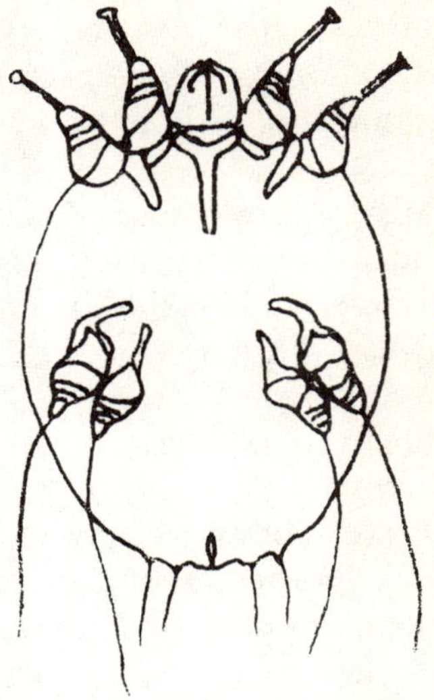

Ácaro *Sarcoptes* femenino, agente que causa la sarna del perro, que se puede transmitir también al hombre

rugosidad anormal de la piel, un aumento de su volumen y una pigmentación marrón), hiperqueratosis, alopecia extendida y caspa, manifestaciones todas ellas que debilitan y afean al animal.

El diagnóstico se realiza tras observar las típicas lesiones cutáneas causadas por el parásito, reconocer los síntomas y tras haber encontrado posiblemente el ácaro en una observación al microscopio de un raspado de las lesiones.

Tratamiento. El tratamiento está basado en el uso tópico de antiparasitarios acaricidas, fármacos para contrarrestar los síntomas para uso local y corticosteroides por vía parenteral y tópica para reducir la inflamación que causa la enfermedad. Hay diferentes champúes antiparasitarios y también sustancias en polvo para diluir en agua con las que hacer fricciones o baños cada cuatro o cinco días durante cuatro semanas, por lo menos.

Un compuesto de gran utilidad, pero que se debe usar con cuidado, es la ivermictina mediante inyección subcutánea.

En algunos casos, para que el animal se cure más rápidamente, es útil esquilarlo. Para eliminar la capa de piel excesiva se aconseja realizar baños con jabón a base de azufre.

Sarna otodéctica

Características generales. La otocariasis es producida por el *Otodectes cynotis*, un ácaro que vive sobre el epitelio alimentándose de residuos epidérmicos y del cerumen que se encuentra en el conducto auditivo.

Esta enfermedad está extendida sobre todo entre los perros que viven en lugares donde hay otros perros, ya que se transmite por contacto directo entre un animal enfermo y uno sano.

Síntomas. Causa una otitis con prurito y se forman unas costras gruesas de color rojizo-marrón mezcladas con el cerumen. El animal nota una molestia continua en la oreja, mueve la cabeza y se rasca de manera insistente en la base del pabellón de la oreja.

A menudo, al mover las orejas continuamente, en los perros con el pabellón auricular caído (cocker, caniche, etc.) se provoca un otohematoma (tumor de sangre formado entre la capa cutánea de la parte interior y el cartílago del pabellón).

Tratamiento. Es preciso una máxima limpieza del conducto auditivo usando productos otológicos con una ac-

Ácaro femenino de tipo *Otodectes*, responsable de la sarna en el conducto auditivo, o sarna de la oreja

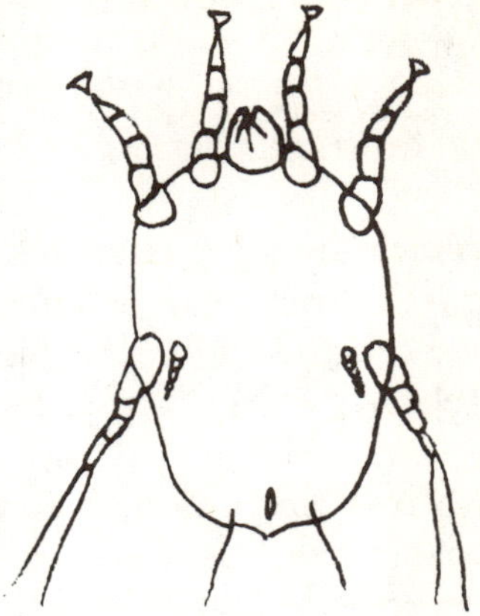

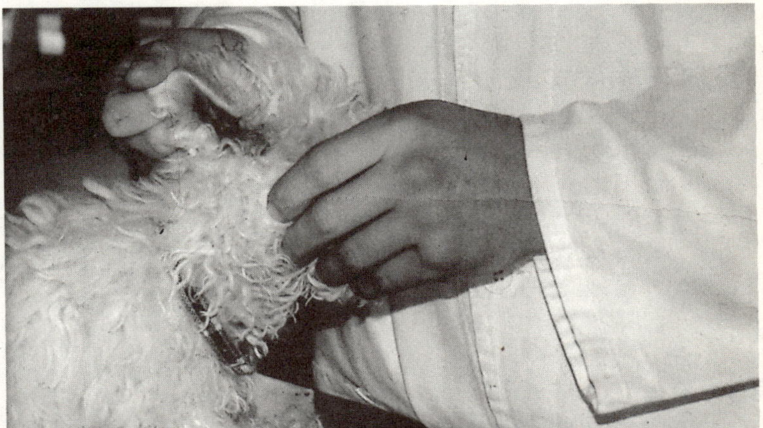

Sarna del conducto auditivo

ción acaricida, que al mismo tiempo ayudan a deshacer el cerumen.

CHEYLETIELLA

Características generales. La *Cheyletiella* pertenece al grupo de los ácaros. Se encuentra a menudo en los cachorros y les causa una leve picazón a lo largo de la columna vertebral y sobre la piel facial, donde se aloja.

Síntomas. La presencia de este ácaro se manifiesta por la formación de caspa que se puede detectar fácilmente en los perros de color oscuro.

Es un parásito muy contagioso entre los cachorros, incluso también para el hombre, en el cual causa una dermatitis con picazón, de pronóstico favorable.

Tratamiento. Se cura mediante baños a base de compuestos fosforados.

El tratamiento terapéutico para las enfermedades parasitarias externas se puede efectuar con polvos para esparcir sobre el cuerpo del animal, con baños medicinales, con collares antiparasitarios que desprenden sustancias durante un cierto tiempo o con la aplicación de gotas o cremas.

En líneas generales, un producto parasitario tiene un radio de acción polivalente; solamente en situaciones concretas, como en el caso de la sarna demodécica, se utiliza un producto específico. Según el material utilizado y según de qué parásito se trate, las sustancias terapéuticas se podrán usar cotidianamente (polvos o cremas) o bien cíclicamente (baños medicinales o gotas). Deben usarse con cuidado siguiendo las instrucciones farmacéuticas, ya que se trata siempre de sustancias muy tóxicas.

No se aconseja usar aerosoles o baños medicinales en los cachorros para evitar que puedan ingerir sin darse cuenta la más mínima cantidad de producto tóxico.

ENFERMEDADES CUTÁNEAS PROVOCADAS POR HONGOS

Características generales. Las dermatomicosis están muy difundidas y es importante que las conozcamos puesto que el hombre se puede contagiar también.

Los más afectados son los animales jóvenes, y un factor que predispone a ello es la falta de higiene del pelo.

La infección se puede producir por contacto directo con otros animales o bien con el suelo o con material infectado; las lesiones se localizan en el hocico, en las orejas, en las extremidades de las articulaciones y en la raíz de las uñas, donde causan la onicomicosis.

Síntomas. Se forman zonas donde el pelo se puede arrancar fácilmente; la piel es hiperqueratósica y se descama.

A medida que pasa el tiempo, el número y el tamaño de las lesiones aumenta hasta afectar a gran parte del animal.

Tratamiento. Se administra griseofulvina por vía oral durante un mes, repartida tres veces al día. Para evitar que la infección se contagie a otros animales o al hombre, o bien que se extienda a otras partes del cuerpo, el tratamiento se completa con baños o pomadas antimicóticas.

El tratamiento médico debe ser precedido del esquileo del pelo de las partes afectadas para eliminar los hongos y favorecer así la actuación del producto prescrito.

ENFERMEDADES EN GENERAL

Absceso

Etiología. Se produce una inflamación con acumulación de pus en una cavidad o en un tejido orgánico debido a agentes bacterianos piógenos que son encapsulados por reacción de los tejidos del organismo.

Síntomas. Inercia, inapetencia, fiebre y dolor en la zona afectada, que presenta un flemón.

Terapia. Se suelen emplear antibióticos. A veces esto es suficiente, pero en otras ocasiones es preciso una intervención quirúrgica.

Anginas

Etiología. Las amígdalas se inflaman debido a agentes bacterianos, víricos y a otros factores traumáticos.

Síntomas. La forma aguda ataca frecuentemente a los animales jóvenes y les provoca fiebre, anorexia y dificultad para deglutir.

Las formas crónicas causan a menudo enfermedades locales en las articulaciones, el aparato cardíaco y el aparato renal.

Terapia. Antibacteriana y antiinflamatoria para las formas agudas; en las situaciones crónicas, se debe considerar la posibilidad de extirpar las amígdalas.

Artrosis

Etiología. Enfermedad degenerativa de las articulaciones que se manifiesta con molestias de diferente índole (dificultades motoras). Se trata de un proceso involutivo de la articulación, con una degeneración y una disminución del cartílago articular. Puede ser localizada o generalizada.

Los traumatismos continuos en las partes articulares y tejidos son factores que ayudan y predisponen a la formación de la artrosis. El animal se mueve y usa la articulación afectada con cierta dificultad, sobre todo en los primeros movimientos.

Terapia. Sólo existe una terapia a base de la aplicación de calmantes para el dolor.

Asma

La palabra indica una dificultad respiratoria o bien una verdadera enfermedad.

Etiología. El asma es provocado por un espasmo tráqueobronquial que hace difícil la respiración. Las causas pueden ser primarias si afectan las partes musculares del tubo respiratorio, o secundarias si vienen a continuación de enfermedades infecciosas agudas o crónicas de este aparato.

Síntomas. Respiración dificultosa y ruidosa junto con ataques de tos, principalmente cuando se realizan esfuerzos físicos.

Terapia. Antiasmáticos junto con broncodilatadores por vía general (aminofilina, teofilina).

Bronconeumonía

Etiología. Es una inflamación aguda de los bronquios y de los alveolos pulmonares.

En términos generales, es el estadio consecutivo de la bronquitis producida por enfermedades infecciosas (moquillo, traqueobronquitis infecciosa, etc.).

Es frecuente entre los perros jóvenes y los viejos.

Síntomas. Tos, fiebre, catarro o emisión de material mucopurulento, estado sensorial alterado y, en los casos graves, dificultad respiratoria.

Terapia. Antibióticos por vía general (penicilina, tetraciclina, cloramfenicol) y sulfamidas junto con mucolíticos y fluidificantes del esputo (acetilcisteína).

BRONQUITIS

Etiología. Inflamación aguda o crónica de los bronquios a causa de agentes bacterianos, víricos o de agentes físicos (enfriamientos).

Síntomas. Malestar general con fiebre, tos seca o catarro. En la forma crónica puede propiciar el desarrollo de un enfisema pulmonar.

Terapia. Ver *bronconeumonía.*

CATARATAS

Etiología. Enfermedad del ojo que consiste en la opacidad del cristalino. Puede ser congénita o como consecuencia de enfermedades metabólicas o traumas.

Síntomas. Dificultad para ver bien. Empeora a medida que la enfermedad va avanzando.

Terapia. En la fase inicial es posible frenar algo el desarrollo de la catarata con el uso de productos farmacológicos, mientras que en la fase avanzada el único tratamiento es la intervención quirúrgica.

CISTITIS

Etiología. Inflamación aguda o crónica de la mucosa vesical; la causa bacteriana puede ser primaria o secundaria según se presenten o no cálculos vesiculares.

Síntomas. Continuas ganas de orinar con pocas gotas de orina y a veces hemorragias. A veces causa un malestar general con fiebre y dolor.

Terapia. En las infecciones bacterianas primarias el tratamiento se basa en antibióticos (nitrofurantoína, cloramfenicol, etc.) y en los casos necesarios, acidificantes de la orina; en las formas secundarias, con presencia de cálculos, el tratamiento se basa en su eliminación mediante intervención quirúrgica o farmacológica, según sea la composición mineral del cálculo, y a continuación se aplicará un tratamiento antibiótico como en las formas primarias.

CÓLICO

Etiología. Contracción espasmódica de una víscera (intestino, uretra, etc.).

Síntomas. Ataques agudos y violentos de dolor con postración, estado ansioso y dolor en la zona afectada.

Terapia. Antiespasmódicos.

Criptorquidia

Etiología. Es una anomalía congénita que se caracteriza por la retención de uno o ambos testículos en el abdomen sin descender al escroto. Cuando afecta a los dos testículos viene acompañado de esterilidad.

Terapia. Intervención quirúrgica con la extracción de uno o ambos testículos.

Dermatitis

Etiología. Inflamación de la piel producida por parásitos externos, por el contacto con sustancias o materiales que pueden irritar o producida por un estado de hipersensibilidad.

Síntomas. Prurito extendido con posibilidad de automutilaciones.

Terapia. Antiinflamatorios (esteroides) y antibióticos por vía general para evitar complicaciones bacterianas secundarias; hacer desaparecer la causa primaria (parásitos, sustancias irritantes, etc.) es fundamental para poder curarla.

Diarrea

Etiología. Puede ser causada por una gran cantidad de enfermedades infecciosas y supone una reacción a factores traumáticos, metabólicos, físicos y ambientales.

Síntomas. Aumento de la frecuencia de defecación y/o aumento del contenido hídrico del material fecal.

Terapia. Se debe empezar eliminando el factor que causa la diarrea. A continuación, se dejará de dar de comer al perro de uno a cuatro días, aunque se le ofrecerá agua, según la gravedad de la patología intestinal; se volverá luego a la alimentación normal de manera gradual empezando con alimentos que se digieran fácilmente (queso fresco, carne blanca, etc.).

DILATACIÓN GÁSTRICA

Etiología. Condensación anormal de material espumoso en la cavidad gástrica. Puede ser un factor que predisponga a la torsión del estómago.

Síntomas. Malestar general, inapetencia, aumento de volumen de la zona abdominal, con continuas ganas de vomitar.

Terapia. Intervención quirúrgica.

ECCEMA

Etiología. Tiene múltiples causas: parásitos cutáneos, intoxicación por alimentos contaminados o en mal estado, factores alérgicos, desequilibrios alimentarios y vitamínicos. El eccema puede ser agudo o crónico, húmedo o seco.

Síntomas. Dermatosis con prurito en una zona, con tendencia a extenderse provocando un enrojecimiento de la piel con ampollas y escamas.

Terapia. Varía en función de la etiología.

Endometritis

Etiología. Inflamación de la matriz (mucosa del útero), frecuente en las perras ancianas y en los animales que sufren tratamientos farmacológicos abortivos o con productos inhibidores del celo. Puede producirse tras partos dificultosos.

Síntomas. Malestar general, vómitos, anemia, aumento de la temperatura corporal y restos con olor desagradable que salen por la vulva.

Terapia. Administración de antibióticos por vía parenteral (penicilina, cefalosporina, etc.); en las formas graves se debe intervenir quirúrgicamente.

Epilepsia

Etiología. Puede ser congénita o contraerse después de haber sufrido traumas, enfermedades tanto infecciosas como no, que ataquen el sistema nervioso central.

Síntomas. Contracciones neuromusculares localizadas o generalizadas, incluso con pérdida del conocimiento.

Terapia. Aplicación de fármacos a base de tranquilizantes menores o barbitúricos.

Estomatitis

Etiología. Inflamación de la mucosa bucal debido a agentes infecciosos, hongos, sustancias irritantes o factores traumáticos. Puede atacar más de una zona, como paladar, lengua, encías, etc. El sarro de los dientes es a menudo la causa mayor.

Síntomas. Halitosis, dificultad al tomar alimentos sólidos y al masticarlos, con un enrojecimiento difuso de la cavidad oral.

Terapia. Varía en función del estado general del animal; en casos graves, se utilizarán antibióticos por vía general combinados con lavados de la cavidad oral.

ESTREÑIMIENTO

Falta de la defecación diaria o bien cantidad insuficiente de defecación. Debe vigilarse que no existan patologías de la zona anorrectal que puedan causar dolor y dificultad en el momento de defecar.

Este problema afecta a menudo a perros que llevan una vida demasiado sedentaria. En estos casos, lo mejor es hacer que se muevan regularmente; en otras situaciones se aconseja añadir lubrificantes, como aceite de vaselina, a la dieta, que debe ser rica en fibra para estimular el movimiento peristáltico intestinal.

FALSO EMBARAZO O FALSA LACTANCIA

Es una modificación del comportamiento de la perra, que actúa como si estuviera a punto de parir, con las mamas llenas de leche.

Además del cambio de comportamiento, la presencia de leche puede favorecer el desarrollo de mastitis. Se cree que el origen de esta anomalía sea de origen neuroendocrino.

Terapia. Intervención quirúrgica para extraer los ovarios y así evitar los ciclos menstruales del animal; también se puede aplicar un tratamiento farmacológico con sustancias antiprolácticas (metergolina) para favorecer que se absorba o desaparezca la formación de leche de las mamas.

Faringitis o laringitis

Etiología. Inflamación de la mucosa laríngea y/o faríngea a causa de muchos factores, como enfermedades infecciosas (víricas y bacterianas), agentes químicos, físicos y traumáticos.

Síntomas. Dificultad en la deglución, ataques de tos y cuando hay fiebre, complicaciones de las condiciones generales con cansancio y anorexia.

Terapia. Varía en función de la etiología.

Hepatitis

Etiología. Muchos factores pueden intervenir y favorecer el desarrollo de un daño celular hepático: enfermedades infecciosas, sustancias tóxicas, etc.

Síntomas. Varían en función de la causa. El animal presenta alteraciones digestivas, falta de apetito, heces deshechas y un empeoramiento de las condiciones generales, en los casos graves de ictericia.

Terapia. Varía en función de la etiología.

Mastitis

Etiología. Es un proceso inflamatorio de las glándulas mamarias debido al desarrollo de agentes bacterianos. La presencia de leche es un factor que predispone a esta enfermedad.

Síntomas. Fiebre, inapetencia, dolor al palpar la zona afectada, que está caliente y presenta tumores.

Terapia. Administración de antibióticos por vía general (penicilina, tetraciclina, etc.), junto con productos antiinflamatorios; se aconseja aplicar paños fríos sobre la zona afectada.

METRITIS

Etiología. Inflamación de la matriz por el desarrollo de agentes bacterianos. Se produce cuando se han sufrido partos difíciles o después de haber retenido la placenta.

Síntomas. Fiebre, anorexia, inapetencia, emisiones verdosas y pestilentes por la vulva.

Terapia. Ver *endometritis*.

OTITIS

Es un proceso inflamatorio del conducto auditivo o de la estructura interna del oído.

Etiología. Puede tener origen bacteriano, parasitario, por hongos o traumático por cuerpos extraños.

Síntomas. El animal mueve continuamente la oreja, se rasca la zona afectada y puede quejarse; en las situaciones graves, la cabeza se puede mantener girada del lado del oído enfermo.

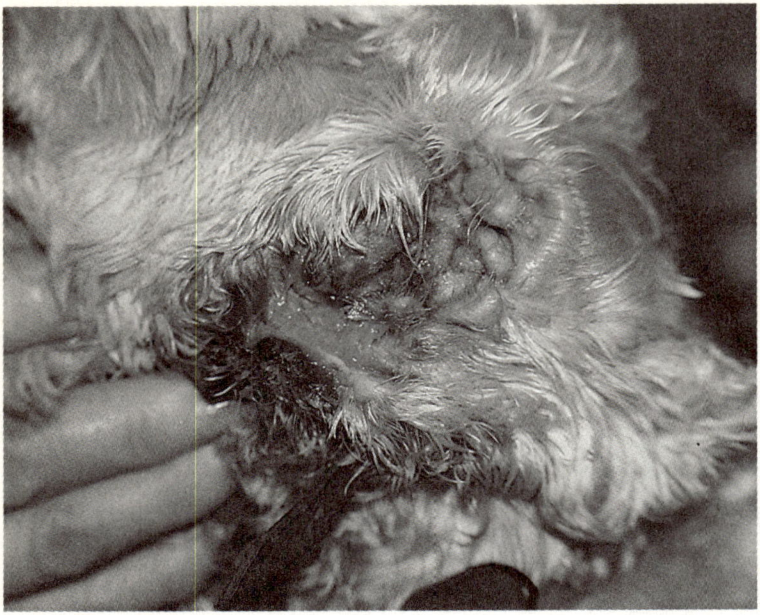

Otitis

Terapia. Varía en función de la etiología: una buena norma consiste en aplicar productos antibacterianos, antiparasitarios y antimicóticos.

Pancreatitis

Etiología. Inflamación del páncreas, aguda o crónica producida por agentes bacterianos o víricos, o por una mala alimentación.

Síntomas. En las formas agudas se manifiesta con ladridos imprevistos violentos, con vómitos, dolores abdominales, diarrea y síntomas nerviosos. En las formas crónicas se producen ataques con intervalos en los que el animal presenta dificultad digestiva, con la emisión de heces grasientas y amarillentas.

Terapia. Administración de antibióticos por vía general en las formas infecciosas, acompañada de una dieta pobre para no estimular el páncreas, y del uso de soluciones rehidratantes por vía intravenosa (Ringer lacteado, solución glucosada).

En las formas crónicas, además del suministro antibacteriano, se añaden estratos pancreáticos para favorecer la digestión alimenticia.

PODERO O PODODERMATITIS

Etiología. Inflamación aguda de los dedos, con un aspecto purulento a causa del ataque de agentes bacterianos piógenos a través de las heridas provocadas por cuerpos extraños.

Síntomas. Dolor local con un aumento de volumen y temperatura del punto afectado. La articulación queda inutilizada hasta que todo el organismo se ve afectado con fiebre, inapetencia y desgana. Puede producirse incluso la necrosis del dedo atacado.

Terapia. Tratamiento con antibióticos y antiinflamatorios por vía general; se puede aplicar una venda protectora.

PATOLOGÍA DE LAS GLÁNDULAS ANALES

Etiología. Inflamación de las glándulas situadas en la región anal debido a la invasión de agentes piógenos.

Síntomas. Aumento de volumen de la zona afectada con enrojecimiento, dificultad para defecar o un intenso prurito que obliga al animal a lamerse y a rascarse la región anal.

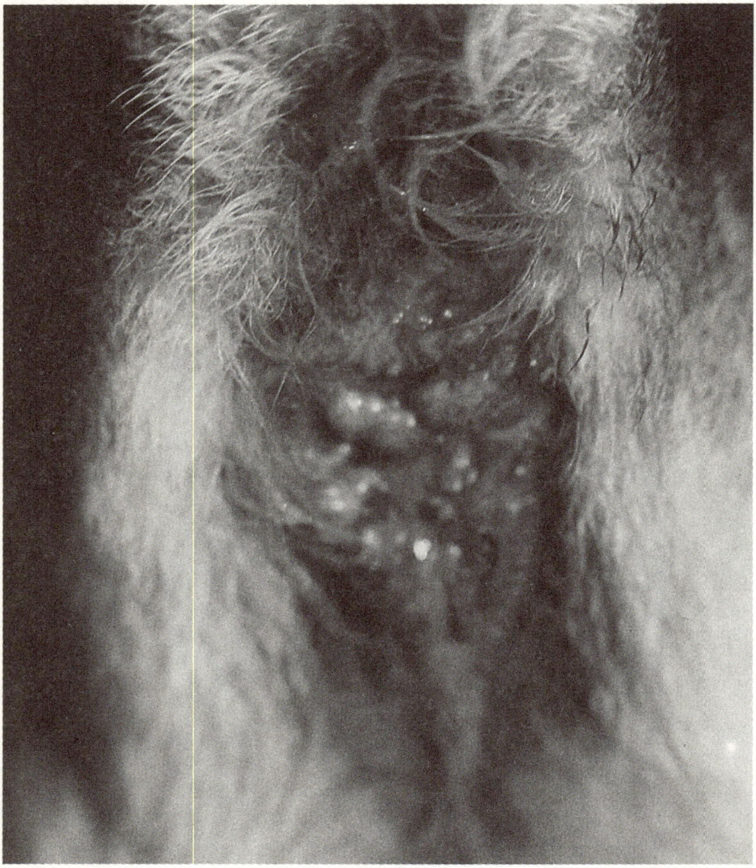

Fístula anal

Terapia. Administración de antibióticos y antiinflamatorios por vía general con aplicación de cremas o pomadas; en esta fase inflamatoria se aconseja una dieta pobre en fibras.

PIODERMITIS

Etiología. Término general que se usa para indicar todas las inflamaciones de la piel que se producen por agentes piógenos. Puede ser primaria o secundaria por traumas, heridas, mordiscos o por parásitos cutáneos.

Síntomas. Reacciones locales con coloración, tumefacción, picazón y presencia de un líquido serohemorrágico que puede afectar de manera general al animal; debido a ello estará inapetente y menos vivaz y tendrá fiebre.

Terapia. Administración de antibióticos por vía general y limpieza de la piel con baños desinfectantes y antisépticos.

SEPTICEMIA PUERPERAL

Etiología. Infecciones bacterianas extendidas que se manifiestan en el útero después del parto. Un factor que ayuda a su formación es no haber expulsado totalmente la placenta.

Síntomas. El animal, a los pocos días del parto, presentará pérdidas oscuras y malolientes por las vías genitales; tendrá fiebre, estará inapetente y en los casos graves se retirará totalmente la leche.

Terapia. Administración de antibióticos por vía general o mediante irrigaciones uterinas frecuentes durante algunos días añadiendo uterotónicos (metilergometrina).

Primeros auxilios

CÓMO CURAR AL PERRO

No es tan fácil que todos los perros se dejen curar y se mantengan dóciles. Algunos reaccionan violentamente y pueden llegar a morder. Así pues, se deben tomar algunas

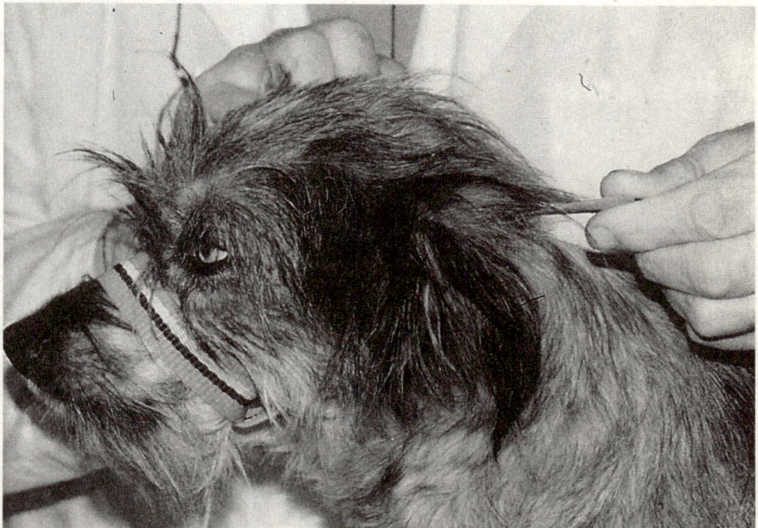

Aplicación de la correa de seguridad

precauciones: para empezar, se debe colocar al perro encima de una mesa para que esté a la altura más cómoda para la persona que lo debe curar.

Si intenta agredirnos, se deben inmovilizar las mandíbulas siguiendo este procedimiento: tomaremos una pequeña cuerda, pasaremos la mitad de su longitud por encima de la nariz después de haber dado una sola vuelta y ataremos las extremidades de la cuerda debajo del hocico. Se debe tirar con energía y pasar la cuerda por detrás de las orejas y por la nuca; se acaba la operación atando los extremos de nuevo. De este modo, no tendrá posibilidad de abrir el hocico. Sin embargo, este método no se puede aplicar a los perros de raza de hocico corto (bóxer, bulldog, pequinés, etc.). Será suficiente entonces ponerles un simple bozal.

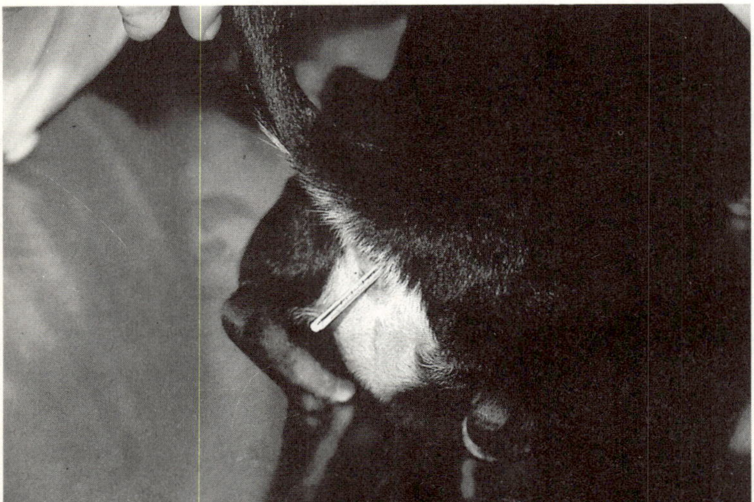

Cómo tomar la temperatura

Cómo tomar la temperatura. Pondremos al perro encima de una mesa, le levantaremos la cola y le introduciremos el termómetro humedecido en el ano, dejándolo un par de minutos y después sacándolo. Se limpiará con un paño de algodón y se leerán los grados a los que habrá subido la columna de mercurio. Es interesante recordar que la temperatura normal del perro oscila entre los 38 y 39 °C.

Cómo administrar una medicina. Ante todo, se debe presionar la parte superior de la boca del perro con dos dedos, después se introducirá con una jeringa sin aguja el líquido por los lados de la boca, vigilando mucho al abrirla, para evitar que el medicamento se vierta por el tubo respiratorio y provocar así una pulmonía por ingestión.

Cómo poner una purga. Después de haber introducido en el recto el tubo de una pera con aceite, se debe vaciar lentamente en el intestino. Se saca y se mantiene la cola bien apretada entre las patas del paciente durante unos diez minutos.

Cómo poner un supositorio. Después de haberlo introducido en el ano del perro, se le mantiene también la cola bien apretada entre las patas durante algunos minutos.

Cómo suministrar una pastilla. No es muy difícil, como se podría imaginar. Debemos abrirle la boca al enfermo presionando el labio superior entre los dientes y nuestra mano; el perro abrirá la boca espontáneamente y no podrá morder, porque si lo intentase se mordería a sí mismo. La abertura del esófago del perro es suficientemente grande como para dejar pasar la pastilla, que se ha empujado con los dedos (ver foto).

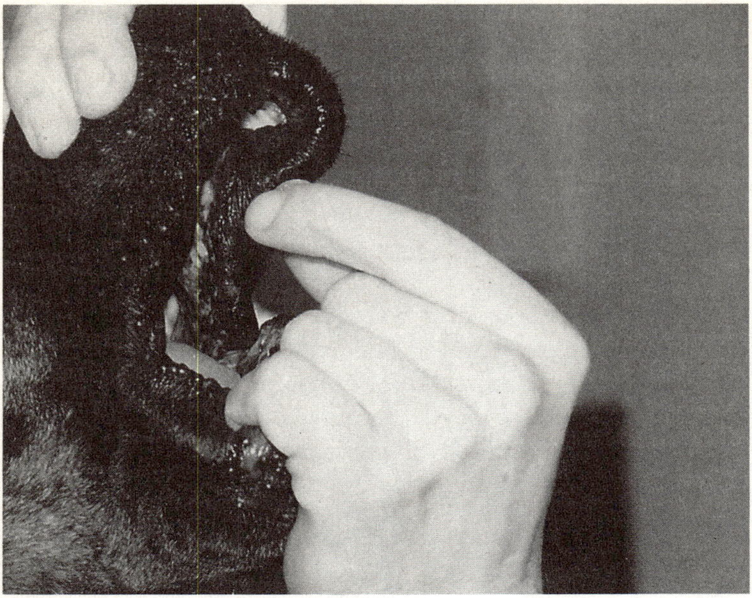

Cómo suministrar una pastilla

Cómo dar una medicina en polvo. Generalmente se mezcla con la comida, pero si el perro ha perdido el apetito se intentará espolvorear el medicamento en un pedazo de carne que se le ofrecerá con la mano.

Cómo poner una inyección

Subcutánea: Los perros las aguantan muy bien y se les puede aplicar una gran cantidad sin riesgo alguno; el mejor punto es debajo de la piel en los costados. Sin embargo, es oportuno prevenir las posibles reacciones del animal. Después de haberle colocado el bozal o un pequeño lazo, se toma un pliegue de piel entre el dedo pulgar, el índice y el medio de la mano izquierda; se mantiene elevado y se introduce sin reparos la aguja de la jeringa

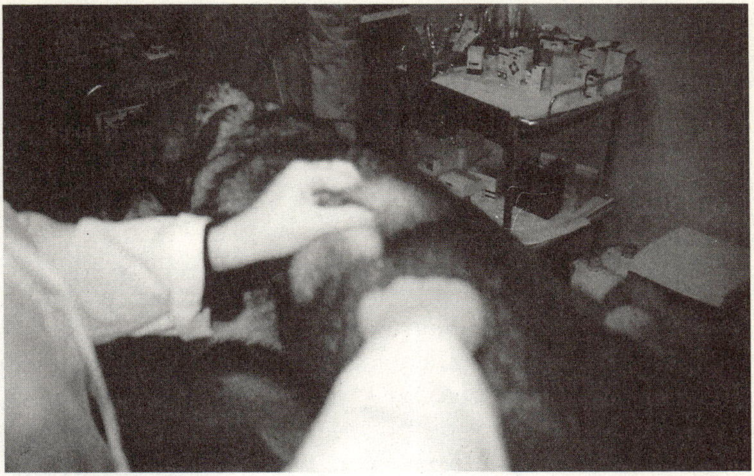

Inyección subcutánea

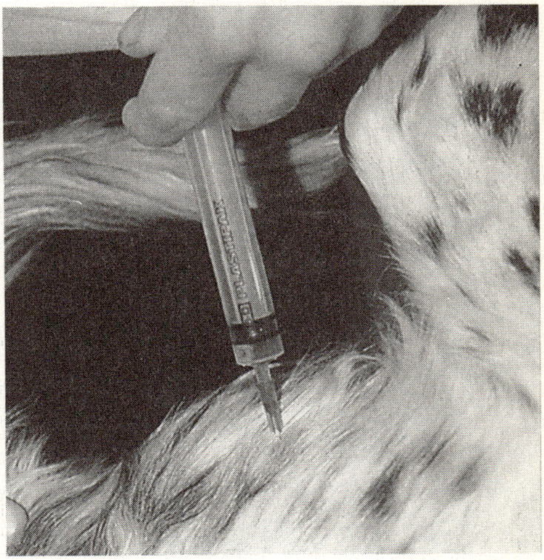

Inyección intramuscular

sostenida con la mano derecha en la base, paralelamente a las partes inferiores. Dejaremos el pliegue e inyectaremos lentamente; una vez hayamos acabado, sacaremos la aguja de manera decidida. Si se debe inyectar mucho líquido (hipodermóclisis), valdrá la pena hacerlo en diferentes puntos.

Intramuscular: la inyección intramuscular se aplica raramente, ya que la mayoría de medicinas se pueden inyectar de forma subcutánea. Pero si resulta indispensable (por ejemplo, medicinas oleosas), se pueden realizar en diferentes puntos; en la región del cuello, en los dos tercios superiores o bien 2 o 3 cm detrás de la última costilla, en los músculos del dorso. Se han aplicado gran cantidad de inyecciones intramusculares en la parte posterior de los muslos sin ningún problema. Se apoya la punta de la aguja allí donde se quiere inyectar y, con un movimiento decidido, se clava; se retira un poco la punta de la jeringa para asegurarnos de que no penetre en un vaso sanguíneo (se aspiraría sangre) y se inyecta lentamente sacando la aguja de manera decidida.

Intravenosa: el punto más fácil para realizar una inyección intravenosa en el perro es en la vena subcutánea de la pata anterior (vena cefálica): para encontrarla, se toma al perro por debajo de las axilas y se ve inmediatamente. Son necesarias dos personas para realizar una intravenosa; así es como debe actuar el ayudante: tomará entre sus manos la espalda del perro y la apretará fuertemente hasta el punto de formar casi un lazo por encima del punto donde se debe poner la inyección. Entonces debe tomar la pata del animal sujetándole la articulación para que no se mueva. Con la misma mano, presionaremos con el pulgar la vena para que sobresalga claramente. A continuación se realiza la inyección a dos tiempos: primero se atraviesa la piel; luego, la aguja penetra en la vena; debemos asegurarnos de que entre bien en la vena; aspirando alguna gota de sangre y luego inyectando el líquido muy lentamente. Una vez terminada la inyección (sobre todo si el líquido puede provocar irritación), se aspirarán nuevamente dos o tres

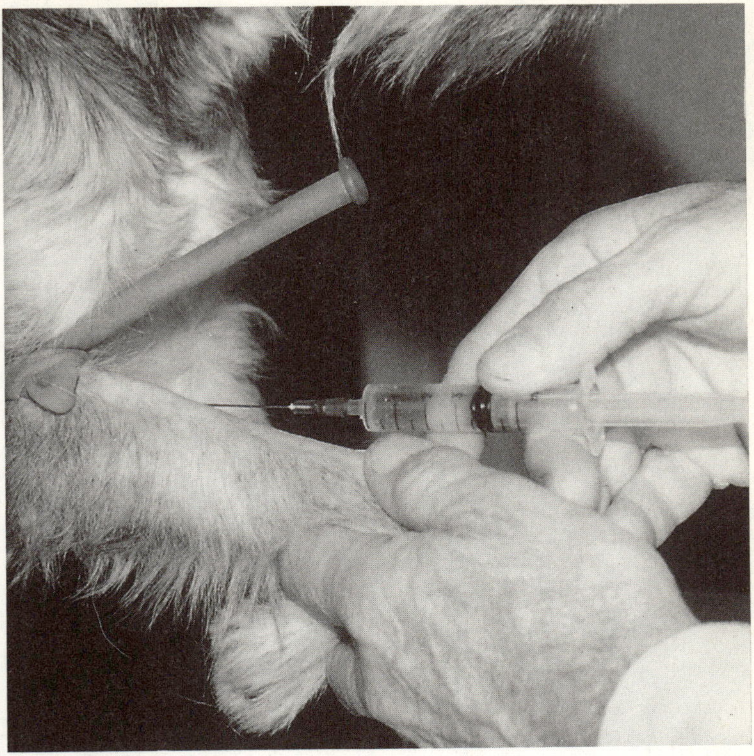

Inyección intravenosa

gotas de sangre (para impedir que algún resto de líquido que quede en la jeringa penetre bajo la piel); por último, retiraremos la aguja despacio y con cuidado.

Para aplicar cualquier tipo de inyección, se aconseja usar jeringas desechables.

Antes de poner la inyección e inmediatamente después, no hay que olvidar desinfectar la zona con un poco de algodón empapado en un antiséptico.

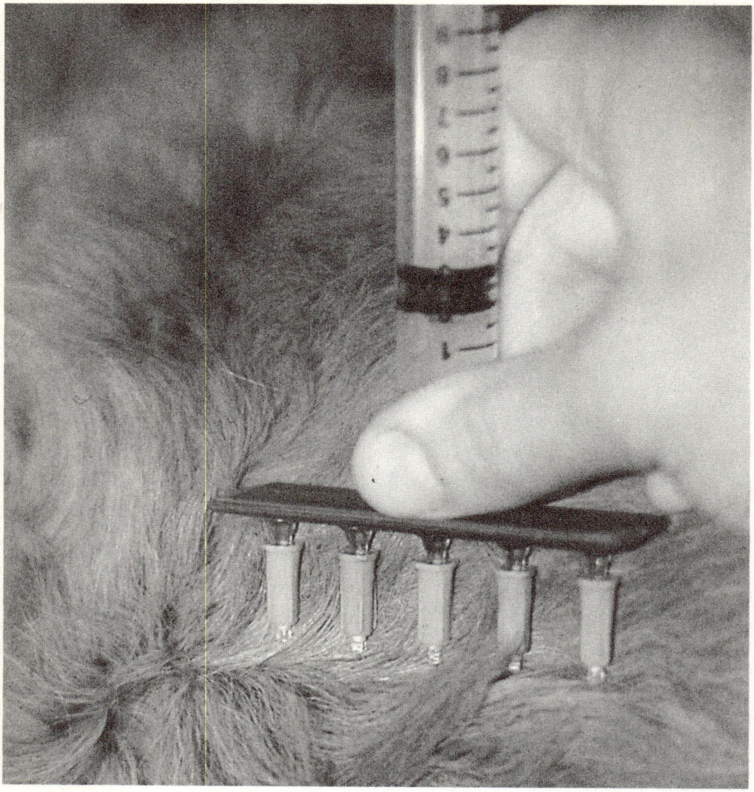

Inyección intradérmica con jeringa multiaguja para la práctica de la mesoterapia

Intradérmica: usada en mesoterapia, un método de cura moderno y eficaz utilizado para tratar zonas anatómicas lesionadas y situadas inmediatamente debajo de la piel (artrosis de la columna vertebral). Consiste en introducir un remedio o bien una medicina debajo de la piel. Se usan agujas muy cortas adecuadas a jeringas multiuso específicas.

LOS VENDAJES

A causa de heridas o por inflamaciones o traumas sin solución de continuidad de los tejidos, el perro necesita muchas veces protecciones de vendajes, yesos o algún artilugio para impedir que lamiéndose elimine el fármaco o con los dientes se arranque el vendaje.

Para hacer un buen vendaje es necesario usar vendas de algodón, gasas y esparadrapo o telas elásticas. Una vez se ha desinfectado la herida, se ha aplicado la pomada o esparcido el polvo por encima, según los casos, se cubre la lesión

Vendaje circular

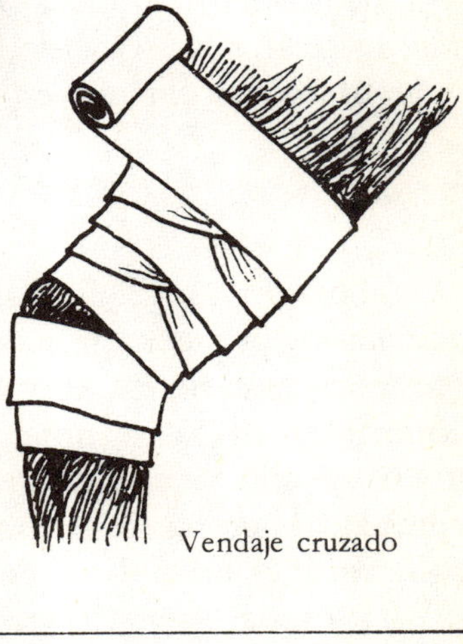

Vendaje cruzado

con una gasa y encima se pone algodón. Se realiza el vendaje siguiendo uno de los modelos siguientes.

Vendaje circular

Se enrolla la venda bastante larga alrededor de la zona herida, procurando que el espesor del vendaje sea igual en todos los puntos. Se utiliza sobre todo para el tronco y el cuello. Es muy importante no apretar mucho la venda, ya que podría perjudicar la respiración del perro.

Vendaje cruzado

Se usa para toda la extensión de las articulaciones o simplemente para las patas. Se debe empezar por los dedos del pie, cubriéndolos también y empezando a enrollar encima de ellos. Después de colocar un poco de algodón entre los dedos, hay que dar una vuelta normal y seguir girando la venda de manera oblicua e ir subiendo; luego, otro giro normal y después otro oblicuo que baje; dar una vuelta normal y volver a empezar cuando se haya acabado; lo aguantaremos con un esparadrapo.

Vendaje inmovilizante

Se usa cuando es preciso inmovilizar una región (una articulación, por ejemplo) que se cree rota para que no empeore a causa de los movimientos, y en tanto no venga el veterinario. Tras vendar con una banda de algodón primero y con una venda después, se aplican algunas varillas en las diferentes caras de la región, que a su vez se enrollarán con una banda de algodón. Así, se inmoviliza con otra venda que se fijará con algunos esparadrapos.

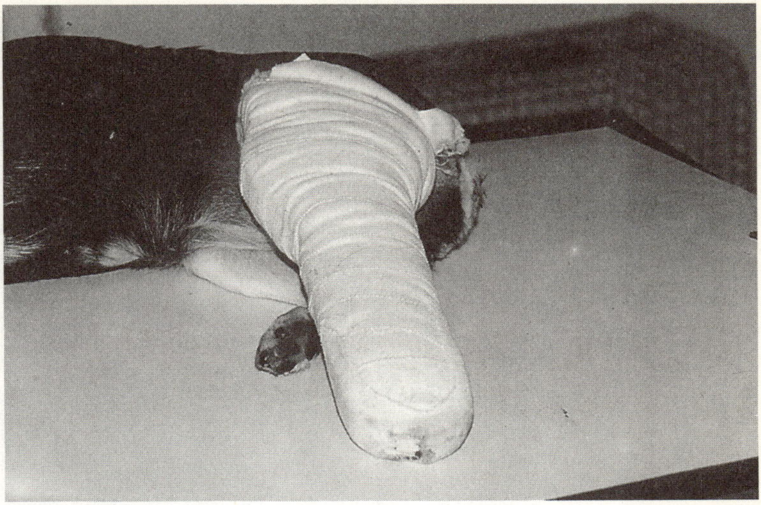

Vendaje inmovilizante

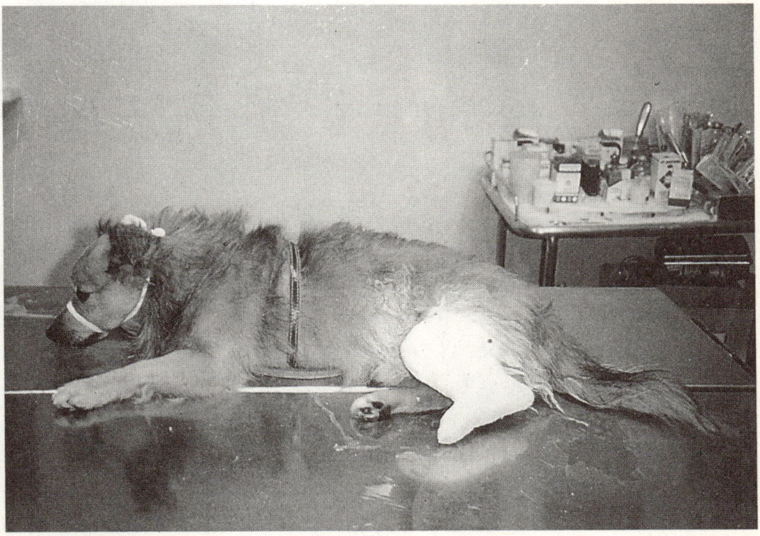

Extremidad enyesada

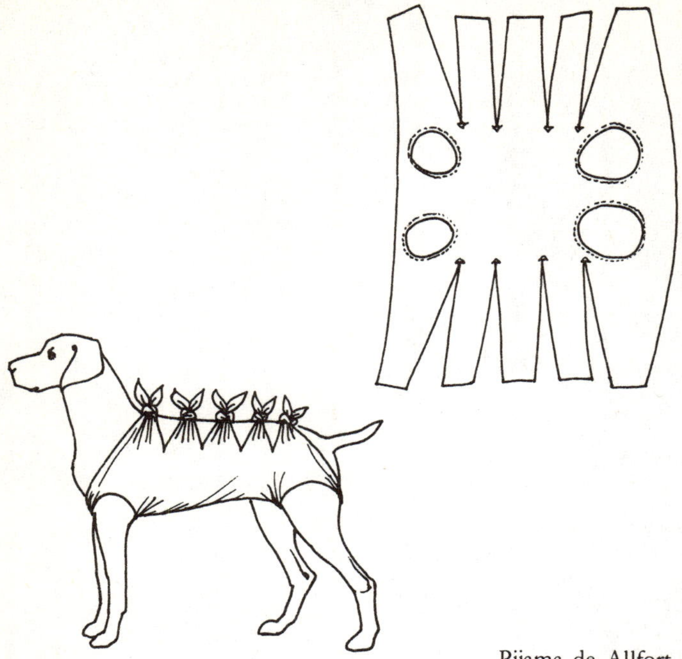

Pijama de Allfort

Pijama de Allfort

Para proteger el cuerpo del animal se puede usar un pedazo de tela dura, larga como el cuerpo del perro, en el que se practican cuatro agujeros para cada una de las patas. Después de pasar las cuatro patas por los agujeros, debemos juntar los bordes de la tela en el dorso del animal, cortaremos los bordes de manera vertical haciendo tiras de 2 o 3 cm de largo aproximadamente, haremos un nudo con las dos tiras correspondientes de ambos lados y realizaremos encima un segundo nudo. No hay perro que pueda deshacer este vendaje.

RELACIÓN APROXIMATIVA ENTRE LA EDAD DEL PERRO Y LA DEL HOMBRE

Edad del perro	*Edad del hombre*	*Edad del perro*	*Edad del hombre*
18 meses	20 años	9 años	52 años
20 meses	21 años	10 años	56 años
22 meses	22 años	11 años	60 años
2 años	24 años	12 años	64 años
3 años	28 años	13 años	68 años
4 años	32 años	14 años	72 años
5 años	36 años	15 años	76 años
6 años	40 años	17 años	84 años
7 años	44 años	19 años	92 años
8 años	48 años	20 años	100 años

DATOS FISIOLÓGICOS

- Temperatura rectal: 38-39 °C
- Frecuencia respiratoria: 10-40 por minuto
- Pulso: 60-160 en perro adulto
  180-200-220 en cachorros
- Celo: en general, dos veces al año;
  de 15 a 20 días de duración media
- Período favorable para la monta: 9-13.° día de estar en celo
- Duración de la gestación: 58-65 días
- Edad media de la pubertad: 7-10 meses en el macho; 6-12 meses en la hembra

Fundas o protectores del vendaje

Son protectores adecuados para los vendajes a condición de que sean de cuero o de tejido muy fuerte, nunca de plástico, porque es un material que no permite transpirar.

COLLAR ISABELINO

Se encuentra fácilmente en las tiendas especializadas. Es un gran collar de plástico que se aplica alrededor del cuello para impedir que el perro se rasque la cabeza o el hocico con las patas. También se puede construir en casa con la parte superior de un cubo de plástico, cortándola a la medida de la longitud de la cabeza del perro y fijándola por último al collar.

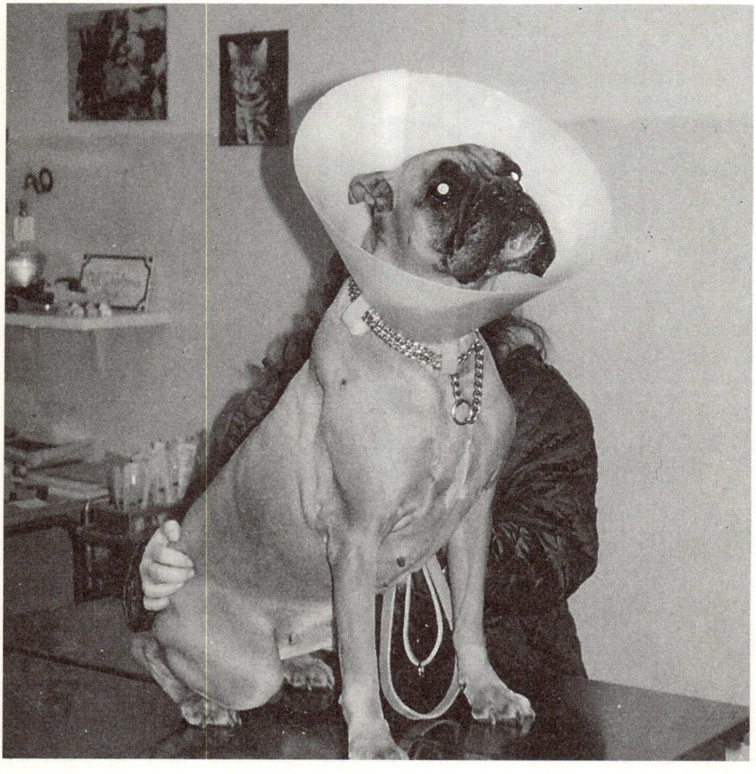

Collar isabelino

FORMALIDADES PARA PASAR LA FRONTERA[1]

País	*Certificado de buena salud*	*Vacunación antirrábica*	*Cuarentena de vacunación*	*Visita sanitaria obligatoria en la aduana*
Alemania	*	*		
Andorra	*	*		
Argelia		*		
Argentina	*	*		
Australia	Prohibida la entrada para animales que provengan de países de donde no se haya erradicado la rabia			
Austria	*	*		
Bélgica	*	*		
Brasil	*	*		
Bulgaria	*	*		
Canadá	*	*	1 mes	
Dinamarca		*		*
Egipto	*			*
España	*	*		
E.U.A.	*	*		*
Finlandia			4 meses	
Francia	*	*		
Gran Bretaña			6 meses	
Grecia	*	*		*
Holanda	*	*		
Hungría	*	*		

[1] Esta lista puede ser objeto de modificaciones. Para una mayor seguridad es aconsejable dirigirse al consulado o a la embajada del país en cuestión.

País	*Certificado de buena salud*	*Vacunación antirrábica*	*Cuarentena de vacunación*	*Visita sanitaria obligatoria en la aduana*
Irlanda e Irlanda del Norte	*	*	6 meses	
Israel	*	*		
Líbano	*			
Luxemburgo	*	*		
Marruecos	*			
México	*	*		
Noruega			4 meses	
Polonia	*	*		
Portugal	*	*		
Rumanía	*	*		
Suecia			4 meses	*
Suiza		*		
Túnez	*	*		
Turquía	*	*		
U.R.S.S.	*	*		*
Yugoslavia	*			

Medidas en la frontera: la vacunación antirrábica para nuestro perro es obligatoria en España. Desde su última aplicación no debe haber transcurrido ni menos de un mes ni más de un año.

LO QUE SE DICE, PERO NO ES CIERTO

- Para desarrollar la raza del pastor alemán se recurre al cruce con el lobo.
- El cráneo del doberman disminuye de tamaño a medida que pasa el tiempo y le causa la locura.
- La alimentación a base de carne hace que el perro contraiga moquillo.
- Una perra de raza que haya parido una vez cachorros bastardos queda dañada para siempre.
- Las lombrices se forman a causa de un susto.
- Las vacunas debilitan el sentido olfativo.
- La esterilidad de la perra causa obesidad y cambios en el carácter.
- Los collares antiparasitarios son cancerígenos.
- La causa del moquillo es una lombriz que se aloja en las vértebras de la cola.
- El ajo es un vermicida infalible.
- Los perros bastardos son más inteligentes que los de raza pura.
- El azufre disuelto en el agua es el remedio para todos los males.
- Para tener mayoría de machos entre los cachorros se debe usar en el apareamiento un macho más viejo que la hembra.
- Los perros alimentados con carne cruda se vuelven mordedores.

LOS ACCIDENTES MÁS FRECUENTES

- Insolación y acaloramiento
- Congelación
- Quemaduras
- Alergias
- Anafilaxis
- Eclampsia
- Cuerpos extraños
- Ahogos
- Heridas
- Contusiones
- Fracturas
- Envenenamientos o ingestión de sustancias tóxicas

INSOLACIÓN Y ACALORAMIENTO

Cómo reconocerlos. Es una situación que se aprecia en los perros que han sido expuestos durante un cierto tiempo a altas temperaturas ambientales y a una gran humedad, o bien han sido sometidos a mucho estrés (animales que han estado en un espacio estrecho, por ejemplo dentro de un coche); los más afectados son los perros obesos, los viejos, los que sufren alguna lesión cardiocirculatoria o los de raza braquicéfala (boxer, pequinés, etc.).

La consecuencia es que la temperatura corporal alcanza valores elevados (entre 41 y 43 °C) y esto provoca alteraciones en todos los aparatos del organismo animal.

El perro se encuentra en un estado de colapso, jadeando y babeando y en un estado tal de postración que es incapaz de mantenerse sobre las cuatro patas.

Qué hacer. El tratamiento médico inmediato consiste en bajar la temperatura corporal mediante la inmersión del animal en agua fría si es posible, o bien aplicándole paños mojados: además se aconseja limpiar la cavidad oral para ayudarle a respirar bien. Tras estos primeros cuidados, se deja al animal en un lugar tranquilo, fresco y muy aireado.

Cómo evitarlo. Durante el verano, con días calurosos y húmedos, no se debe dejar al perro encerrado en el coche o en espacios pequeños y poco aireados.

CONGELACIÓN

Cómo reconocerla. Es una lesión de los tejidos causada por la acción localizada de frío intenso y la consiguiente pérdida de vitalidad de las partes del cuerpo más expuestas

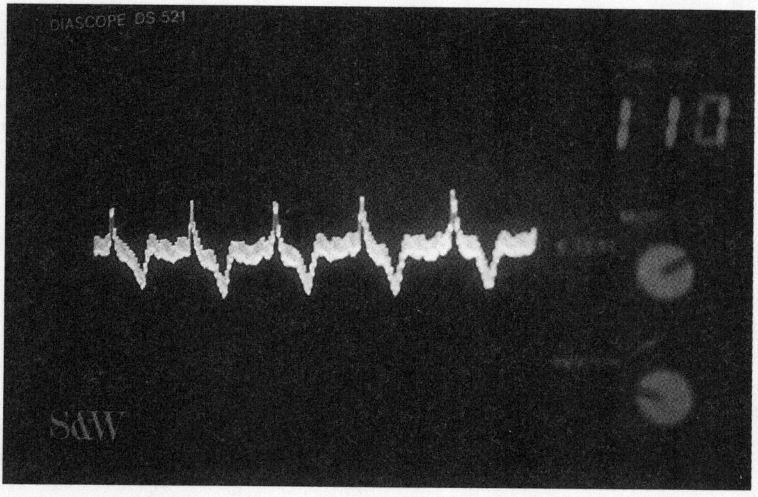

Monitorización cardíaca

a las bajas temperaturas, lo que determina la disminución de la circulación sanguínea en las extremidades.

Las lesiones son parecidas a las quemaduras y varían según la gravedad, pudiendo llegar incluso a la gangrena.

La congelación se puede dar en los tejidos periféricos, como orejas o cola, recubiertas con poco pelo y que están poco vascularizadas. El enfriamiento de todo el organismo conlleva una disminución de todas las actividades metabólicas.

Qué hacer. La terapia urgente consiste en calentar las zonas afectadas aplicando calor húmedo o mediante baños calientes. Se debe llegar gradualmente a la temperatura normal. Las partes afectadas se deben secar y proteger de posibles traumas.

Lo que no se debe hacer. No es aconsejable frotarlo o vendarlo de manera apretada.

Cómo evitarla. Los animales de pelo corto y sobre todo los que tienen la caseta al aire libre no deben estar en lugares sombreados o aireados durante la estación fría.

QUEMADURAS

Cómo reconocerlas. La mayoría de quemaduras se producen por el contacto con líquidos hirvientes (aceite, agua), cables eléctricos, sustancias químicas, etc.

La gravedad de las quemaduras está en función de la zona, la magnitud de las lesiones y de la edad del animal; del mismo modo que en las personas, las quemaduras del perro se pueden clasificar según la profundidad de la lesión. Así, tendremos desde lesiones que afectan solamente la superficie de la piel hasta llegar a quemaduras profundas que pueden afectar los tejidos internos.

Qué hacer. En estos casos conviene limpiar la zona afectada con gasas empapadas en agua o en un desinfectante que no irrite y, cuando las haya, extraer las partículas extrañas o los tejidos muertos de la lesión.

A continuación se aplicarán pomadas cicatrizantes.

Alergias. Las picaduras de insectos, algunas sustancias químicas, alimentos que puedan provocar alergias o diferentes sustancias proteicas caducadas pueden causar manifestaciones alérgicas que aparecen al poco tiempo de haberse producido el contacto con el animal.

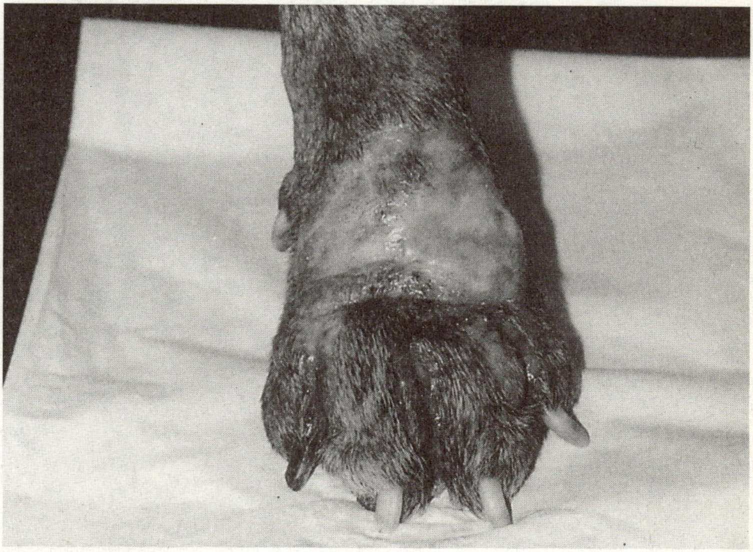

Quemadura grave

Cómo reconocerlas. Pueden darse reacciones alérgicas que afecten el aparato tegumentario con enrojecimiento, prurito y escamas en la piel, en aquellos puntos en los que entra en contacto con sustancias o materiales particulares; en los casos en que se ha producido un mordisco o una picadura de insecto, se produce una reacción epidérmica, se infiltra en el tejido subcutáneo y origina las reacciones características.

Las alergias que afectan el aparato digestivo provocan ataques agudos de vómitos y de diarrea, a veces hemorrágica.

Qué hacer. Si la alergia ha sido causada por una picadura de insecto, es necesario limpiar con cuidado la zona

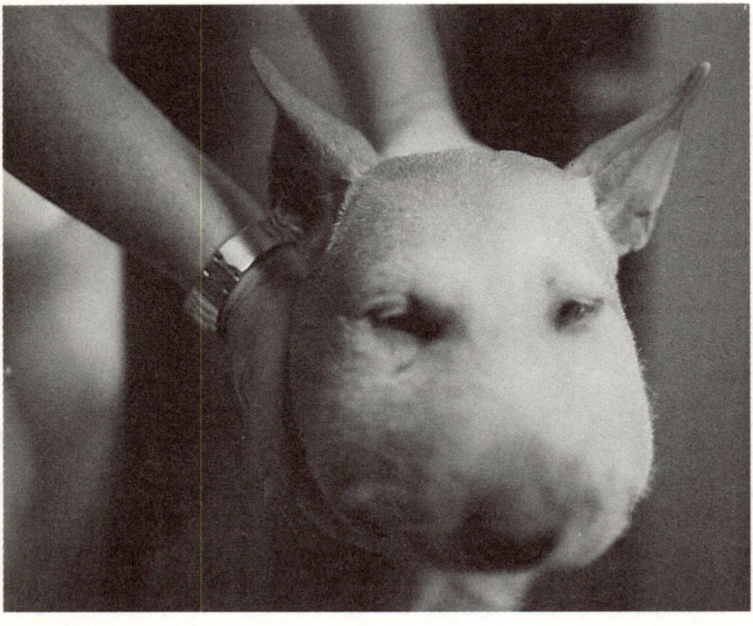

Reacción alérgica

afectada; si se nota que el aguijón está clavado, se debe extraer usando unas pinzas pequeñas. En los casos que afecten una gran zona se usan productos antihistamínicos o antiinflamatorios.

Si el afectado es el aparato intestinal, se aplica una terapia sintomática con productos antieméticos (en los casos de ataques de vómitos agudos y continuados) y antidiarreicos (si el animal padece disentería).

Cómo evitarlas. Cualquiera que sea la causa de esta manifestación, si ha sido una sustancia ingerida junto con el alimento, su simple eliminación de la dieta puede evitar tal molestia. Vale lo mismo para posibles materiales o sustancias que causan alergias al entrar en contacto con el animal.

ANAFILAXIS

Siempre supone una manifestación alérgica mucho más violenta que puede provocar la muerte al animal, por colapso cardiocirculatorio. Raramente se puede producir por la picadura de una abeja o un abejorro. Generalmente, el *shock* anafiláctico surge por la intervención del hombre.

Cómo reconocerla. Las manifestaciones van desde el vómito a la diarrea; el perro está inquieto, y se dan crisis epilépticas, hasta llegar al coma. A continuación puede producirse la muerte del perro por colapso cardio-circulatorio.

Entre las sustancias que lo causan, encontramos diferentes antibióticos (penicilina, tetraciclina) y medicinas así como vacunas utilizadas habitualmente. Estas reacciones se producen al poco tiempo de que el hombre haya suministrado el fármaco al animal.

Qué hacer. Se le debe dar rápidamente adrenalina por vía intravenosa, repitiendo la operación pasados veinte o treinta minutos si es necesario.

Cómo evitarla. Cuando el perro sea sensible a una sustancia farmacológica determinada, debemos comunicárselo al veterinario para que se tome buena nota de ello.

ECLAMPSIA

Afecta a la perra durante el período de lactancia, y raramente se manifiesta justo antes del parto. También recibe el nombre de tetania hipocalcémica, que define mejor el tipo de patología que sufre el animal. Se da con más frecuencia entre las razas pequeñas y/o entre las perras que han tenido numerosos cachorros.

Cómo reconocerla. Al principio la perra se vuelve inquieta, se agita continuamente y a medida que la situación se va agravando, los músculos se le endurecen. Se contraen con frecuencia y hay una pérdida de coordinación de los movimientos, con pérdida de equilibrio.

Las contracciones musculares aumentan de intensidad y se van extendiendo hasta provocar un estado de ansiedad en el perro, con una respiración breve y acelerada; si no se lo atiende, podría llegar a morir.

Qué hacer. Se deben inyectar por vía intravenosa compuestos de calcio con las dosis variables según la gravedad y el tamaño del animal. Al mismo tiempo, los cachorros se deben alejar de la madre veinticuatro horas, por lo menos, y ser amamantados artificialmente; la razón es que el calcio existente en el organismo del animal se mezcla con la leche materna y los cachorros, alimentándose de ella, estimulan la producción de más leche, que contiene a su vez más calcio.

Lo que no se debe hacer. Hay que prestar una atención especial al modo como se realiza la inyección intravenosa de calcio, ya que si se hace de manera demasiado rápida o con una dosis superior a la necesaria se puede causar un paro cardíaco.

Cómo evitarla. No siempre es posible prevenir una situación como ésta: de todas formas, conviene dar a la perra durante el período de lactancia, compuestos vitamínico-minerales adecuados. Si el animal ya lo ha sufrido en el pasado, conviene no dejarlo solo durante mucho tiempo mientras está amamantando y, en segundo lugar, se lo puede ayudar alimentando a los cachorros de manera artificial.

CUERPOS EXTRAÑOS

Mientras el perro esté jugando puede suceder que de manera improvisada aúlle de dolor o regrese con una pata levantada o con la cabeza gacha.

Es una de tantas ocasiones frecuentes en las que un cuerpo extraño se le ha alojado entre los dedos, en las yemas, en el conducto auditivo, en el ojo o en la cavidad oral.

Estos cuerpos extraños pueden ser espigas, ramitas con espinas, semillas de plantas, pedacitos de madera, piedras, etc. Estos elementos están presentes no sólo en el ambiente exterior, sino también en las paredes de la casa.

Cómo reconocerlos. Si se trata del ojo, el animal manifiesta fotofobia, aumento del lagrimeo, queratoconjuntivitis y molestias. El comportamiento del perro en estas circunstancias llama la atención de las personas.

Qué hacer. Lavaremos el ojo con agua bórica y, si es posible, extraeremos el cuerpo extraño.

Cómo reconocerlos. Si se trata del conducto auditivo, el animal mueve la cabeza ladeándola hacia el lado que le molesta y no deja de rascarse la oreja a causa de algo que le irrita.

Qué hacer. Si se ve el objeto extraño, se usan unas pinzas pequeñas para extraerlo, y a continuación se aplicarán unas gotas óticas durante algunos días.

Cómo reconocerlos. Otras situaciones especialmente graves se dan cuando el perro ingiere el cuerpo extraño. En estos casos, se notará que el perro vomita constantemente, se muestra decaído, rechaza el alimento, no defeca y presenta un decaimiento de las condiciones generales. Se debe llevar el animal al veterinario para determinar el diagnóstico y la terapia a seguir (a menudo se practica una intervención quirúrgica).

Lo que no se debe hacer. Es mejor abstenerse de provocarle el vómito para que expulse el cuerpo extraño, pues eso sería peor.

Cómo evitarlos. No debemos dejar que el animal juegue con materiales pequeños (piedras, pelotas de ping-pong, etc.) que pueden tragarse con facilidad.

AHOGOS

Tiene lugar con cierta frecuencia que el animal se atragante con cuerpos extraños que haya tragado o con pedazos de comida de tamaño considerable: son situaciones graves que precisan de una ayuda inmediata.

Cómo reconocerlos. Los cuerpos extraños pueden alojarse en la faringe, la laringe y la tráquea, y pueden provocar colapsos o impedir el riego de oxígeno de los tejidos.

Qué hacer. A veces se soluciona poniendo al animal boca abajo y dándole pequeños golpes en la cabeza o en el tórax para que expulse el objeto. Otras veces es necesario intervenir quirúrgicamente para extraerlo, ya que puede haber quedado incrustado en las vías aéreas.

Cómo reconocerlos. Una situación parecida es la que se produce cuando el animal se ahoga; en tal caso debe llevarse el animal a la orilla para vaciarle de agua los pulmones.

Qué hacer. Si el tamaño del perro lo permite, se debe sostener con las articulaciones posteriores y con la cabeza hacia abajo; una segunda persona debe abrirle la boca comprimiéndole el tórax; si su tamaño es grande, se toma al animal por el abdomen con un brazo y se pone sobre nuestra espalda, y en esta posición se realiza la misma operación anterior.

HERIDAS

Es preciso avisar al veterinario cuando el animal sufra un trauma a causa de un accidente con un vehículo o por las heridas producidas por haber caído de una cierta altura o por armas de fuego, cortes, mordiscos, etc.

Qué hacer. Para empezar, se debe valorar la gravedad de las lesiones producidas y mantener al animal en un ambiente tranquilo y, si es posible, prestarle los primeros auxilios. Al moverlo después del accidente, se debe actuar con extremo cuidado para evitar daños posteriores. Si las heridas afectan sólo el tejido superficial, es preciso cortar los pelos que están situados alrededor de la lesión para evitar que se puedan desarrollar infecciones bacterianas; así pues, debe lavarse la zona con productos antisépticos.

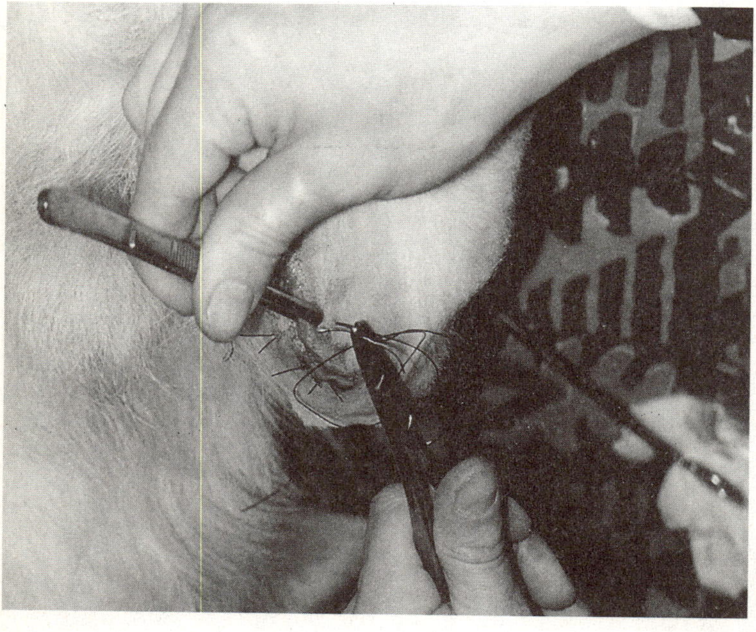

Sutura de una herida

En estos casos es útil usar jeringas o simples peras para limpiar a presión la zona y eliminar posibles restos en la herida.

A continuación se aplican sustancias antibióticas y cicatrizantes para facilitar la curación y para evitar el desarrollo de focos bacterianos.

Una especial atención merece el tratamiento de las heridas provocadas por mordeduras, ya que normalmente presentan unas características diferentes de las producidas por cuerpos inanimados.

Es preciso vigilar y observar atentamente toda la superficie cutánea, ya que la herida puede suponer el inicio de lesiones que pueden ampliarse y profundizarse; además, un mordisco provoca la extracción de la capa

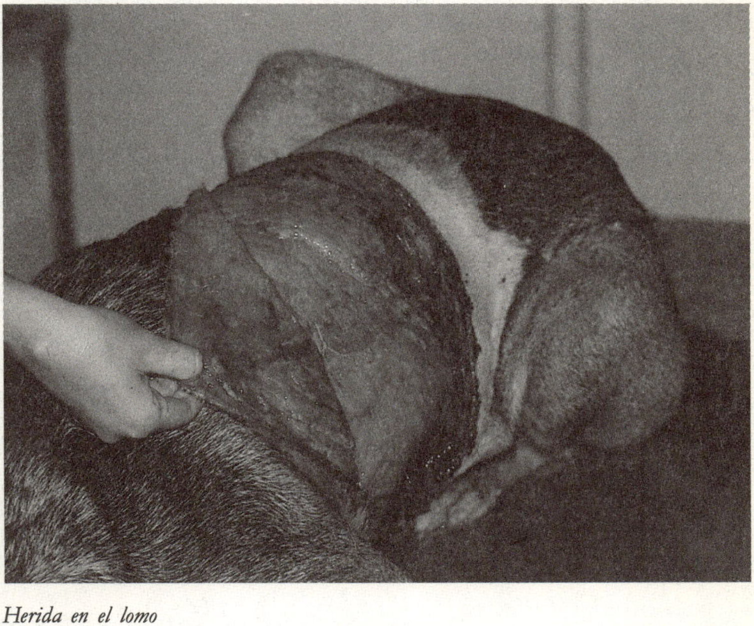

Herida en el lomo

cutánea, alterándose y favoreciendo la penetración de materiales extraños que pueden causar infecciones muy graves.

CONTUSIONES

Todos hemos recibido alguna vez golpes que causan el típico mareo; en esta situación el perro no puede sostenerse sobre las cuatro patas.

Una contusión aparece cuando el animal recibe golpes contundentes sobre los tejidos blandos (choques, patadas, bastonazos, etc.), o bien cuando él mismo choca contra objetos inanimados.

Cómo reconocerlas. En estas situaciones se crean una serie de reacciones que van desde el enrojecimiento, el calor y la tumefacción, hasta el dolor y la alteración funcional de la zona afectada.

Qué hacer. Los primeros cuidados consisten en aplicar paños fríos sobre la zona afectada junto con un tratamiento calmante y antiinflamatorio.

FRACTURAS

Cómo reconocerlos. Aparecen como consecuencia de traumas violentos en la estructura esquelética del animal que pueden afectar uno o más huesos.

En el peor de los casos nos podemos encontrar con fracturas con el muñón del hueso salido al exterior y expuesto a la contaminación y a infecciones secundarias (osteomielitis).

Qué hacer. En primer lugar debe realizarse una evaluación de los puntos afectados y establecer la terapia que se ha de seguir.

Una vez se ha localizado la fractura, si afecta una o varias articulaciones, basta con improvisar un entablillado colocando un simple periódico alrededor de la articulación.

Naturalmente, todo dependerá de la gravedad de la fractura, del dolor y del comportamiento del animal.

Es fundamental tener presente que en las lesiones traumáticas del aparato musculoesquelético pueden producirse fracturas múltiples, con lesiones en la columna vertebral y en la cabeza.

Puede darse el caso de que deba trasladarse el animal que ha sido atropellado sin causarle daños posteriores; se lo debe mover usando una manta, una sábana o una tela cualquiera como si fuese una camilla, con mucho cuidado.

Lo mejor sería que hubiera tres personas, de manera que una sostuviera la cabeza, el dorso y la pelvis, mientras que las otras dos llevaran la camilla improvisada. En los casos en los que además de la fractura haya hemorragia, se la deberá interrumpir inmediatamente aplicando paños encima de la herida, presionando y apretando con fuerza haciendo un vendaje; si la hemorragia continúa y afecta una de las cuatro articulaciones, es útil aplicar una cuerda o un pañuelo a manera de torniquete: se debe realizar cerca de la herida y mantenerlo sólo el tiempo indispensable hasta llegar al veterinario.

ENVENENAMIENTOS O INGESTIÓN DE SUSTANCIAS TÓXICAS

Se pueden producir por casualidad o a causa de una acción voluntaria.

Las sustancias implicadas son infinitas: productos detergentes, desinfectantes y sanitarios, como ácidos, alcalinos y lejía; productos para máquinas y automóviles, como carburantes, líquidos anticongelantes, etc.; productos cosméticos y sanitarios, como fármacos, somníferos, etc.; productos pesticidas, como herbicidas, veneno y los mismos antiparasitarios que se usan normalmente para los perros.

Qué hacer. En caso de que el animal haya ingerido o entrado en contacto con una de estas sustancias, lo primero que debemos hacer es informarnos sobre el tipo de producto que es y el antídoto correspondiente, que debe figurar en el envase.

Si la cantidad ingerida es poca, es necesario provocar el vómito con agua oxigenada (5 ml por la boca cada quince minutos), o haciéndole ingerir medio vaso de agua con una cucharilla de sal dentro; si lo que ha tragado el perro son alcalinos o ácidos, es preciso hacerle beber mucha agua para diluir la sustancia, pero en ningún caso provocársele nunca el vómito.

Si se han ingerido sustancias tóxicas liposolubles se puede usar carbón activo o aceite mineral, ya que al no absorberse a nivel gastrointestinal pueden mezclarse con la sustancia tóxica y reducir la posibilidad de que ésta se absorba; no se aconsejan los aceites vegetales, porque pueden absorberse y funcionan de vehículo para el producto tóxico.

Para expulsar las sustancias venenosas del tubo intestinal se usan purgas con gran cantidad de agua con jabón.

Cuando el producto ha entrado en contacto con la piel del animal se aconseja lavar abundantemente con una sustancia fisiológica o con agua.

Cómo evitarlos. Todos los productos tóxicos, tanto fármacos como higiénicosanitarios, deben estar fuera del alcance del animal. Si se encuentran animales muertos, como pájaros o ratas, deben eliminarse porque pueden haber muerto por sustancias venenosas que penetrarían en el organismo del perro si éste los comiera.

Por último, cuando se limpia o se efectúan tratamientos antiparasitarios en el ambiente donde viva el perro, hay que evitar que queden restos de tales productos.